KB095277

코팅기술의
현재와 미래

과학나눔연구회 편저

🐟 일 진 사

우리 조상들은 아득한 옛날부터 그림이나 공예, 장식품 등의 수명을 오래도록 보존하기 위해, 또는 그 아름다움을 돋보이기 위해 코팅기술을 활용하여 왔다. 고구려 고분벽화나 경남 의창의 다호리와 전남 광산의 신창리 유적에서 발굴된 기원 전후에 제작된 것으로 추정되는 칠기 제품 등은 모두 이를 뒷받침하고 있다.

이처럼, 실용성과 보존성, 의장성을 두루 갖춘 코팅기술은 오늘날에 이르러서는 산업계에서도 중요한 존재로 부각되고 있다. 특히 사회구조와 기능이 다양화할수록 그에 부수하여 발생하는 환경오염문제와 관련해서는 코팅기술의 역할이 매우 중요하다.

물론 '환경부하가 큰 물질을 일절 사용하지 않는다'면 환경오염에 대한 걱정을 덜 수 있겠지만, 현실적으로 그것이 어려운 만큼 코팅된 상태에서 환경을 정화하고 폐기까지를 고려한 적극적인 대응을 강구한다면 보다 넓고 밝은 세계가 전개될 수 있을 것이다.

이와 같은 큰 꿈을 그릴 가능성이 있는 몇 가지 코팅재료는 이미 대학과 기업 등의 연구실에서 연구되고 있으며 예컨대,

이제까지 열경화성 고분자를 이용하는 분야에서는 실현이 어려운 것으로 생각했던, 각종 자극에 반응하여 분해되는 고분자 재료와 리사이클성이 부여된 열경화성 고분자재료뿐만 아니라 지구온난화의 한 원인으로 지목되는 탄산가스를 고정화할 수 있는 고분자재료까지 합성되어 '코팅된 상태에서의 환경정화'와 '코팅의 무덤'까지 대응할 수 있는 미래의 코팅재료들이 속속 모습을 보이고 있다.

하지만 이러한 재료들은 장래 코팅을 지원할 재료의 일부에 불과하므로 앞으로도 '바꾸어 나가야 할 것은 무엇인가' '발전시켜 나가야 할 것은 무엇인가'를 고민하면서 새로운 재료와 기술을 계속 탐색하여 나가는 것이 필요하다.

이 책에서는 코팅의 역사에서부터 현재에 이르기까지의 기술의 진보를 개설하고, 현재의 과제와 그에 대한 대처를 설명함으로써 코팅기술에 관한 이해를 도모하였다. 또, 환경부하를 경감하고 환경정화에 공헌할 가능성이 있는 코팅과 현재 대학에서 연구되고 있는 최신의 재료·기술을 소개하였다.

이 책이 앞으로 이 분야에 종사하게 될 관련 산업계의 기술자는 물론 대학에서의 기초기술 연구자들에게 있어서도 조그마한 보탬이라도 될 수 있다면 다행으로 생각한다.

편저자

차 례

① 장   코팅의 역할

1-1   코팅의 역할 ……………………………………… 9

1-2   고대의 코팅 ……………………………………… 10

1-3   19세기의 코팅 …………………………………… 16

1-4   우리나라의 전통 칠공예 ……………………… 19

1-5   20세기의 코팅 …………………………………… 22

1-6   자동차용 도로의 진보 ………………………… 25

1-7   열경화성 도료에서의 새로운 가교반응

　　　개발 …………………………………………… 28

② 장   생활 주변에서 보는 코팅

2-1   자동차용 도료 …………………………………… 33

2-2   프리코트 메탈용 도료 ………………………… 70

2-3   선박용 도료 ……………………………………… 77

2-4   알루미늄 건재용 소염도료 …………………… 90

2-5   특징이 있는 도료들 …………………………… 94

3 장 코팅의 현재, 미래

3-1 환경문제의 현실 ·· 103

3-2 유기물질 규제의 현실과 동향 ······················ 105

3-3 수성도료의 동향 ··· 109

3-4 수성도료 리사이클 시스템과 그 도료 ···· 121

3-5 VOC 규제와 분체 도료 ································· 127

3-6 환경을 정화하는 코팅과 그 기술 ··········· 133

4 장 미래의 코팅을 위한 폴리머 재료

4-1 도료의 새로운 기능 ······································· 143

4-2 특정한 자극으로 분해성을 나타내는
     재료 ·· 144

4-3 생분해성을 갖는 재료 ··································· 149

4-4 리사이클이 가능한 재료 ······························ 154

4-5 환경정화에 기여하는 재료 ·························· 160

4-6 체적 팽창을 나타내는 재료 ························ 167

◉ 참고문헌 ··· 172

◉ 찾아보기 ··· 176

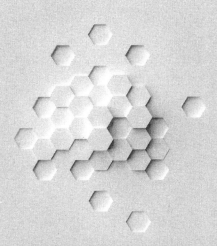

1장
코팅의 역할

코팅의 역할

1-1 코팅의 역할

금속에 녹이 슬어 부석부석하거나 나무가 썩어 자연의 흙으로 돌아가려 하는 것은 자연의 섭리이다. 그러나 적절한 도장(塗裝)을 한다면 자연의 섭리를 거슬러 부식으로부터 금속과 목재를 지킬 수 있을 뿐만 아니라 장기간에 걸쳐 사용을 이어 나갈 수도 있다.

자연으로부터의 위협은 해안지역(염해, 강한 자외선)이나 공장지역(배기가스, 산성비)에서는 더욱 가속되어 건축물 등에 큰 손상을 입히게 된다.

이처럼, 자연의 위협이나 인위적 환경악화로 인한 자원 손실이 크기 때문에 건축물을 건전하게 장기간 유지하기 위해 도장하여 보호하는 것은 불가피한 일이 되었다.

수명의 연장뿐만이 아니다. 도장에는 아름답게 보이거나 품

위를 높여주는 미장기능 (美粧機能)이 있어 색채, 광택, 평활성, 입체적인 텍스처(texture) 마무리 등 최근 다양화된 수요에 부응하고 있다.

색채의 능률적인 이용으로 이미지를 끌어올리기 위한 색채, 주변 환경과의 조화를 도모하는 색채, 일하기 좋은 환경을 조성하기 위한 색채 등, 쾌적한 환경 만들기에도 도료 (塗料)는 유용하게 사용되고 있다. 이와 같은 일련의 작업은 색채계획 (컬러컨디셔닝, 컬러다이내믹)이라고 하여 오늘날 자연과학의 한 분야로 자리하고 있다.

도장은 이와 같은 목적에서 옛날부터 여러 부분에 사용되어 왔다. 여기서는 우선 고대부터 현대까지의 도장의 역사를 개관하고, 이어서 현재 개발경쟁이 치열한 열경화형 도로용 가교반응의 개발 실태에 관하여 소개하기로 하겠다.

1-2 고대의 코팅

구석기시대 후기의 인류는 뼈, 뿔, 돌, 조개껍질 등의 장신구와 적토 (赤土)로 신체를 장식하거나 동굴을 벽화로 채색했었다는 것이 출토품을 통하여 밝혀졌다. 이러한 동물화라든가 수렵 모습은 어떤 의미에서는 도장의 선구 (先驅)라고 할 수 있다.

고대 벽화의 색깔로는 흑색, 적색, 갈색, 황색, 백색 등이 사용되었으며 청색과 녹색은 비교적 사용되지 않은 듯하다. 안료(顔料)는 적철광, 황철광, 망간광, 초크, 뼈를 태운 것 등이고, 여기에 전색제(展色劑)로 식물의 즙이나 진, 짐승의 지방, 역청(瀝青) 등을 사용한 것으로 여겨진다.

이집트 문명에서 도료기술의 수준은 의외로 높았는데, 안료의 종류도 많았던 것으로 보인다. 기원전 3000년경에는 이집트청(천연물을 태워서 얻는 규산동)이 개발되었는데, 이 이집트청을 만들기 위해서는 정밀한 온도 및 시간 관리가 필수였다. 또, 이집트에는 천연의 진사(辰砂)로부터 얻는 주(황화수은), 말라카이트(탄산구리) 등이 알려져 있었다.

그리스 문명에서는 더 광범위한 안료가 사용되었다. 예를 들면, 동염(銅鹽)을 통해 청색이나 녹색으로 착색한 유리 가루를 사용하거나 특정 곤충의 분비물에서 얻는 아름다운 붉은색 재료를 이용하기도 하였다. 연백(염기성 탄산납)과 연단은 모두 기원전의 산물인데, 주(朱)와 마찬가지로 중국과는 별도로 그 제조법이 발달한 것으로 생각된다.

이와 같은 안료들을 녹여서 굳힌 재료를 전색제라고 한다. 고대에 사용된 전색제의 종류는 고대 유물을 분석하여 보아도 분명하지 않은 것이 많다. 아마도 그 지방에서 얻을 수 있는 가장 유리한 것을 전색제로 사용한 것으로 추정된다. 예를 들면, 문명의 초기에는 난백(卵白), 석회유(milk of line ; 수산화칼슘을 물에 개어서 얻는 백색 유상의 액체), 아라비아고무, 밀랍 등이 사용되었다.

밀랍은 그리스 시대까지 이용되었으며 용융한 밀랍에 안료를 섞어 이겨서 주걱으로 도장하였다. 난백을 사용하는 기법은 템페라(tempera)라고 하여 많이 사용되었다.

전색제를 말할 때 동양의 특징 중 하나인 옻칠을 언급하지 않을 수 없다. 옻칠은 효소가 관여하는 특수한 건조기구로 우수한 도막성능을 가지며 현재도 합성이 어려운 천연 재료이다. 중국의 주(周)나라, 은(殷)나라 시대(기원전 1500~770년경)에 이미 수레와 활에 옻칠을 하거나 그 물건을 공물(貢物)로 취급하였다는 기록도 있다.

선사시대의 사람들이 안료나 도료를 사용했다는 것은 유물이나 유적을 통하여 확인할 수 있다. 특히 고분 석실의 내면에는 대량의 붉은 안료(보통은 산화철계의 것)가 사용되었고, 관(縮) 속에는 연단(사산화삼납), 유해를 모셨던 중심부 내면에는 주(朱 ; 수은과 황으로 많든 붉은빛의 고급 안료. 물·알코올에 녹지 않고 산·알칼리에도 견딘다)가 남아있는 것이 많다. 이는 당시 주가 귀중했을 뿐만 아니라, 방부력을 가지고 있다는 것을 알았기 때문이었을 것이다.

장식고분(5~6세기)의 석실 벽면에도 벽화가 발견되었는데, 화구의 종류는 적·흑·청·황·녹·백 등의 원색이 사용되었고 중간색은 보이지 않았다.

사원 벽화의 안료는 백(백토), 적(주·연단·철단), 황(황토·밀타승), 청(암군청), 녹(암녹청), 흑(먹)이 사용되었으며 연단은 흑갈색으로 변색된 것을 볼 수 있다. 장식 고분에 비하면 재료의 가짓수가 늘어나고 색깔이 선명하지만 역시 중간색은 별로 사용되지 않은 것 같다.

그림 1-1 고구려인의 기상을 드러내 주는 '무인수렵도'
(무용총 벽화)

서유럽에서의 유성(油性) 도료 사용의 역사는 예상 외로 짧아 13세기 이후이고, 유화가 번성한 시기도 14세기 전후로 한국이나 중국보다 크게 뒤졌다.

전색제로는 이 밖에 아교가 있으며 3세기 이후에 주로 사용된 것으로 믿어진다. 한(漢)나라 시대에는 이미 숯을 아교와 섞어서 만든 먹과 비슷한 것이 존재했다.

중세에 이르러서는 동서양을 막론하고 도료가 주로 회화와 종교 목적으로 사용되었다. 그 기술을 보유한 사람은 주로 승

려나 화공이었고, 주요 전색제로는 카세인(casein)의 수용액(석회수에 용해된다), 알의 흰자위(난백)가 사용되었다.

회화에 사용하는 유성(油性)의 물감이 출현한 것은 14세기 전후이고, 르네상스(14~16세기)에는 많은 안료를 사용하여 다채로운 그림이 그려졌다. 레오나르도 다빈치(Leonardo da Vinci ; 1452~1519)는 각종 안료에 대하여 그 제조법과 처방을 상세하게 기록해 두기도 했다.

12세기 무렵 동양에서 유럽으로 꼭두서니(Rubia arane ; 꼭두서닛과의 여러해살이 덩굴풀로, 줄기는 모나고 속이 비었으며 가시가 있다. 잎은 4개씩 돌려나며 가을에 자질구레한 노란 꽃이 많이 핀다. 뿌리는 물감 원료나 진통제로 쓰이고 어린 잎은 먹기도 한다)와 쪽(Persicaria tinctoria ; 마디풀과의 한해살이 풀로 잎은 물감으로 쓰인다)이 건너가고 군청(라피스 라줄리에서 추출하여 정제한 것)도 같은 시기에 전해진 것으로 알려지고 있다. 연단과 주 역시 유럽에서는 그 사용이 동양보다 뒤졌다.

16세기 이후는 바니시(varnish)류가 가옥과 가구 도장에 사용되었지만 유럽에는 17세기에 이르기까지 동양의 칠 예술 같은 고급 목공 도장이 존재하지 않았다. 16세기 말엽에 인도에서 셸락(shellac)이 도입되고 그것이 후에 프랑스식 목공 도장의 탄생에 영향을 주었다.

18세기에 들어서 도료의 제조와 응용기술이 발전하여 현대 도료공업의 원형에 가까워졌다. 그전까지는 도료의 제조는 비전 (秘傳)의 기술과 배합을 구사하는 기술자의 몫이었고, 재료의 값도 무척 비싸서 궁전이나 사원 같은 호화로운 건축물과 예술품에 사용되었을 뿐이었다.

18세기 중반에 산업혁명 시대로 들어서자 도료의 제조방법은 점차 기계화되어 전문 제조회사로 옮겨 갔다. 당시의 전색제는 아마인유 (linseed oil) 위주였고 제조회사는 안료 (주로 연백)를 오일에 섞어 굳힌 페인트를 공급했다. 도장자는 그것에 아마인유를 타서 묽게 만들어 작업에 적합하도록 스스로 조절했다. 이러한 형태는 20세기에 들어서까지 계속되었지만 아무것도 가하지 않고 그대로 쓸 수 있는 배합 (配合) 페인트는 19세기 중반이 되어서야 등장하였다.

당시 대표적인 백색 안료는 연백이었다. 아연화 (산화아연)가 본격적으로 개발된 것은 19세기부터였다.

안료의 경우는 18세기에 또 하나의 중요한 진전이 있었다. 그것은 1704년에 베를린에서 발견된 베를린청(Berlin blue)이었다. 프러시안 블루(Prussian blue), 곤청, 베렌스라고도 호칭되는 이 안료의 제조법은 비밀로 취급되었으나 1724년 이후에는 여러 나라에서 만들게 되었다.

18세기의 오일바니스는 상당히 진보한 것이어서 18세기에서 19세기에 걸쳐 바니스공장이 각국에 설립되었다. 이 시기 천연수지를 이용하는 기술은 완성에 접근하여 20세기에 합성수지 기술이 등장할 때까지 계속 이용되었다.

1-3 19세기의 코팅

아연화 제조법은 주로 프랑스에서 발달하였으며 도료로의 응용은 1840년 무렵부터 성세를 타기 시작했다. 연백을 사용한 페인트에 비하여 아연화는 광택과 신성(伸性)이 좋고 단단하며 내구성이 있었지만 쉽게 건조되지 않는다는 결점이 있었다.

아연이 납처럼 오일의 건조를 촉진시키지 않는 데서 오는 현상으로 별도 수단으로 아마인유의 건조성을 개선하지 않으면 안 되었다. 이로 인해 네덜란드식 보일유(boiled oil) 제조법이 발전하게 되었다.

보일유 제조법은 1930년대 초반에 이르기까지 유지공업(油脂工業)의 중요한 기술이었다. 그러나 19세기 중반에 배합 페인트가 출현하여, 그 당시까지 도료의 배합기술을 비법(秘法)으로 다루어 왔던 도장 장인의 숙련과 지식은 점차 빛을 잃게 되었다.

안료 역시 탤크(talc)와 호분(胡粉), 점토(clay)와 같은 체질안료가 많이 배합되었다. 이 시기에는 무기안료에도 큰 진보가 있었다. 예를 들면, 천연 군청(ultramarine)은 가격이 비싸 예술적 용도에 국한하여 사용되었지만 그 내구력(耐久力)에 큰 매력이 있었으므로 군청의 합성법에 현상금을 걸어 구하려고도 하였다. 그 결과 1828년에 프랑스의 기메(Guimet)가, 또 거의 동시에 독일의 그멜린(Leopold Gmelin ; 1788~1853)과 케

티히(Friedrich Angust Köttig ; 1794~1864)가 그 합성법에 성공하였다. 황연(크로뮴산 납)도 1835년에 합성되고, 그 밖에 카드뮴 옐로, 에메랄드 그린 등 많은 종류의 안료가 제조되었다.

19세기의 무기안료 발달에서 간과할 수 없는 것은 리토폰(lithopone)의 출현이었다. 이 리토폰은 연백을 대체하기 위해 개발된 것인데, 1874년 영국 글래스고에서 황화아연과 황산바륨으로 구성된 복합안료로 생산되었다. 이 리토폰은 화학적 안정성과 가격 면에서 경쟁력이 있었기 때문에 유럽과 미국에서 많이 사용되었다. 또, 천연가스를 원료로 하는 근대적인 카본블랙(carbon black) 제조법이 발명된 것도 이 무렵이었다.

19세기 후반에는 유기화학 분야에서 눈부신 발전이 있었다. 이 발전은 도료기술에 대해서는 20세기에 들어오기까지 직접적인 영향을 미치지는 않았지만, 합성염료와 합성수지의 2대 분야가 출현한 것으로 후년 도료공업에 큰 기여를 하게 되었다.

1856년 영국의 퍼킨(William Perkin ; 1838~1907)이 콜타르에서 최초로 아닐린염료에 속하는 모브(mauve)를 합성한 것은 획기적인 사건이었다. 이러한 합성염료의 발달은 그대로 유기염료의 다채로운 발전으로 이어졌는데, 도료공업이 그것을 대폭 도입하여 이용하게 된 것은 20세기에 들어와서부터였다.

앞에서도 기술한 바와 같이 유기화학의 큰 발전은 합성수지의 출현을 초래하였다. 1833년, 스웨덴의 베르셀리우스(Jons

Jacob Berzelius ; 1779~1848)는 화학반응 중에 알 수 없는 원인으로 형성되는 수지상 물질을 폴리머(Polymer)라 총칭하였는데, 이것이 고분자화학의 발단이었다.

또 같은 해 프랑스의 브라코네는 니트로셀룰로오스 (nitro-cellulose)를 만들었다. 니트로셀룰로오스 중에 질화도가 높은 것은 화약으로 쓰이고, 낮은 것은 콜로디온 (collodion)이라 하여 혼합 용제에 녹여 도료를 만들었다. 1855년에 영국의 파크스 (Alexander Parkes ; 1813~1890)는 이것을 도료에 적용하여 특허를 취득했다. 식물자원으로 풍부한 셀룰로오스가 플라스틱 재료, 그리고 더 나아가서 도료의 원료로까지 등장한 것은 뜻깊은 일이다.

1872년, 독일의 과학자 바이어(Adolf von Baeyer ; 1835~1917)는 석탄산과 포르말린 (formalin)이 촉매 아래서 불용성의 덩어리를 형성하는 것을 발견하였다. 이것이 본래 의미로서의 합성수지 출현의 실마리가 되었다.

한편, 현대 도료에 필수인 알키드수지(alkyd resin) 등 여러 물질이 19세기 후반에 발견되었으나 공업화는 20세기에 들어와서야 이루어졌다.

1901년 영국의 스미스가 최초로 글리세린 (glycerin)과 무수프탈산으로 글리프탈수지(알키드수지)를 공업적으로 만들어 접착제로 이용하였지만 재질이 취약하기 때문에 도료로는 사용하지 못했다. 글리프탈수지를 오일로 변성(變性)하여 도료에 사용할 수 있게 된 것은 10년이 지난 후였다.

1-4 우리나라의 전통 칠공예

우리나라의 칠문화(漆文化)는 낙랑(樂浪)시대부터 비롯된 것으로 알려져 있었으나 경상남도 의창의 다호리와 전라남도 광산의 신창리 유적 등에서 기원전에 제작된 것으로 보이는 칠기(鐵器) 제품들이 발굴됨으로써 그 역사를 기원 전·후로 올려 잡고 있다.

나전칠기 명장(名匠)인 손대현(孫大鉉) 선생이 저술한 〈전통 칠기공예〉(한국문화재보호재단 발행)에 의하면, 낙랑칠기는 흑칠과 주칠이 위주였으나 다호리 출토품은 흑칠 위주의 목심칠기이고, 신창리 출토품 역시 다호리 출토품과 공통성을 보여 우리의 옻칠문화는 낙랑 이전의 청동기 시대에서 비롯된 것으로 올려 잡고 있다.

통일신라시대에 이르러서는 1차 옻칠한 바탕 위에 금판이나 은판 무늬를 붙이고 다시 옻칠하여 틈을 메우는 평탈기법이 적용되었다고 한다.

신라 왕도(王都)였던 경주 안압지의 준설에서 잔(盞)과 그릇(鉢) 등 많은 유물들이 발견되면서 고려 때에 이르러 불교문화의 융성과 칠기 수요의 보편화로 칠문화가 전성기를 이뤘음을 알 수 있다.

원래 중국의 당나라 등에서 성행하다가 점차 쇠퇴하였지만 이후 통일신라시대에 우리나라로 전래되어 고려시대에 전성기를 맞았다고 한다.

그림 1-2 통일신라시대(8∼9세기)에 만들어진 금동전각형 사리기로 현재는 캐나다 온타리오 왕립박물관에 소장되어 있다.

그림 1-3 삼국시대(7세기)에 만들어진 금동 반가사유보살상(지금 은 프랑스 기메 박물관에 소장되어 있다.)

불경을 모시기 위한 연주함이며 모자함, 향합 등에 표현된 나전칠기의 아름다움은 극치에 이를 정도였고, 도자기에 있어서도, 예컨대 붉은 채화장식을 위한 진사(산화동) 기법은 고려가 원(元)나라 때의 중국보다 훨씬 앞섰음을 증명한다. 청자유를 진사장식 위에 덧씌워 구워낸 대접(그림 1-4 참조)을 보면, 천 년 가까운 세월이 흘렀음에도 불구하고 지금도 아름다운 자태를 뽐내고 있다.

그림 1-4 고려시대(12세기)에 만들어진 청자 진사채 보상당초문(靑磁辰砂彩寶相唐草文) 대접(지금은 영국 대영박물관에 소장되어 있다.)

몽고군의 침입으로 국력이 쇠퇴하기 시작하자, 고려의 칠문화 역시 위축되기 시작하여 그 영향이 조선시대까지 미쳤다. 그러나 조선시대(15세기)에 만들어진 나전 당초문 방함 등을 보건대, 윤택 있는 흑칠 바탕에 영롱하게 빛나는 나전 당초문의 세련되고 우아한 장식은 조선 초 나전칠기가 고려의 전통과 수준을 유지하였다는 것을 알려준다.

이러하듯 우리나라는 아득한 옛날부터 칠문화가 전승되어왔으며, 여기에 실용성, 의장성, 보존성이 뛰어났다. 이제 산업화 사회로 탈바꿈한 마당에 칠 기술은 활용하기에 따라 광범위하게 쓰일 것으로 기대된다. 예컨대 옻칠이 비단 칠기공예에만 쓰일 것이 아니라 선박이나 항공기 등 현대적인 기기의 도장용으로 활용범위를 넓힐 수 있을 것이다.

그림 1-5 조선시대(15세기)에 만들어진 나전 모란 당초문 방함
(지금은 미국 메트로폴리탄 미술관에 소장되어 있다.)

1-5 20세기의 코팅

19세기 이전에 전색제 선택은 기본적으로 천연의 유지와 천연수지에 국한되어 있었다. 이 경향은 20세기에 들어와서도 큰 변화 없이 이 유성 도료의 전성기가 오래 지속되었다. 1907년, 미국의 베이클랜드(Leo Hendrik Baekeland ; 1863 ~ 1944) 주정(酒精) 가용성의 페놀수지를 만들어 그것을 노볼락 (novolac)이라 불렀다. 노볼락을 천연의 셸락 (shellac)을 대체한다는 목적을 거의 달성하였다. 알칼리 촉매에 의한 페놀수지 '베이클라이트 (bakelite)'는 다양한 공업용도를 가지고 있었기 때문에 오일바니스로 이용하는 것은 불가능했었다.

이것을 해결한 사람은 독일의 알버트였다. 크게 남아도는 로진 (rosin)과 함께 반응시킴으로써 유용성(油溶性) 수지를 얻는 데 성공한 것이다. 이것과 동유(桐油 ; 유동의 씨에서 짜낸 건성유)를 써서 만든 바니스는 건조가 유독 빠른 관계로 속칭 '4시간 바니스'로 불리기도 하였다.

이 '4시간 바니스'를 사용한 에나멜이 '4시간 에나멜'이다. 공업제품의 대량 생산화가 진행됨에 따라 도장공장에서는 건조의 신속화가 요구되었고, 이 때문에 이 '4시간 에나멜'의 출현은 큰 환영을 받았다.

니트로셀룰로오스 래커(lacquer)는 19세기에도 다소 사용되었지만 당시는 점도(粘度)가 높아 도장하기 위해서는 용제로 희석할 필요가 있었다. 따라서 고형분(固形分)이 줄어들어 적절한 두께를 얻기 위해서는 여러 번 겹쳐서 칠할 수밖에 없었다.

20세기에 들어와 점도가 낮고, 고형분이 높은 것이 만들어지면서 간신히 실용에 적합한 것을 얻을 수 있게 되었다. 래커의 사용이 급격하게 늘어난 주요 원인으로는 20세기 초반에 진행된 미국 자동차공업의 근대화를 꼽을 수 있다. 당시까지 유성 에나멜을 사용할 수밖에 없었던 자동차공장에서 래커의 빠른 건조성과 스프레이 도장 적합성으로 이전과는 비교할 수 없으리만큼 생산 효율이 높아졌다.

값비싼 자동차의 외장재로, 적절한 경도(硬度), 광택, 내구성 요구에 부응하기 위해 많은 노력을 쏟은 결과 알키드수지(alkyd resin)와의 결합으로 한 단계 더 발전한 도료로 성장하였다.

하지만 당시 유일한 래커 용제였던 아세트산(acetic acid) 알루미늄의 공급이 유럽과 미국에서 어려워지기 시작했다. 당시 아세트산 알루미늄의 원료는 목재 건류로 얻는 목정(木精) 증류의 잔액과 술을 양조할 때의 부산물인 퓨젤유(fusel oil)에서 얻고 있었다.

제1차 세계대전 이전에는 러시아가 주된 공급국이었지만, 이후 전쟁과 그에 이은 혁명으로 공급이 중단되었다. 여기에 한술 더 떠 미국에서 금주법이 제정되면서 공급에 차질을 빚게 되었다. 그러나 대전 후 아세트산 부틸이 값싸게 공급되고, 아세트산 에틸이 사용되면서 활기를 되찾았다.

한편, 대전이 끝난 후 남아도는 화약을 활용한 니트로셀룰로오스 래커의 공급도 늘어났다. 1927년 미국 GE사의 키른은 에스테르 교환기술을 이용하여 연이어 유변성(油變性) 알키드수지를 만들어 종래의 오일과 천연섬유에 의한 바니스를 대체하는 데 성공했다.

이상으로 코팅의 역사를 도료 관점에서 개설하였다. 다음은 도료로서 가장 고급 부류로 분류되는 자동차 상칠 도료의 발전에 대하여 기술하도록 하겠다.

1-6 자동차용 도료의 진보

자동차의 보디는 처음에는 목재가 많이 사용되어 바니스 또는 에나멜 마무리로 칠도 (漆塗)가 적용되었다. 1930년대 초에 이르러 내부는 목재, 외부는 1밀리미터 정도의 강판을 사용하기 시작하였고, 얼마 후에는 전부 강판이 사용되었다. 래커 칠이 사용된 것은 1930년대 초에 들어서부터인데, 옛 자동차의 에나멜 도장에 사용된 도료는 도장자 자신이 기호하는 안료를 작은 절구에 넣어 이겨 만들었다는 설도 있다. 용제는 주로 테레빈유 (turpentine oil)가 사용되었다.

1950년이 되자 베이킹(baking)형의 멜라민수지(그림 1-6) 도료가 출현하여 먼저 바이크의 부품 도장에 사용되고, 자동차 보디에는 1955년 무렵부터 사용되었다.

이 무렵부터 적외선 가열방식이 도입되어 하이솔리드 래커와 멜라민수지 도료의 보급을 촉진했다. 이 하이솔리드 래커는 유성의 바탕 위에 2~3회 도장하는 것이 이 시기의 대표적인 시방이었으며 칠하기도 쉽고 결함도 적었다.

1955년에 들어서는 자연 건조에서 베이킹으로의 전환이 이루어졌다. 1957년 경까지는 양산용 (量産用) 상칠로 래커가 사용되었으나 그 후에는 아미노알키드수지 도료(멜라민수지와 알키드수지로 만들어진 도료)가 적합한 것으로 확인되어 상칠, 밑칠 모두 아미노알키드수지 도료가 보급되었다.

그 결과 하이솔리드 래커의 경우 3번 칠해야 하지만, 새로운 도료를 도입한 후로는 한 번만 칠하고 왁스로 문질러 윤을 낼 필요도 없어졌다. 1958년 이후는 메탈릭 마무리의 증가와 더불어 아크릴수지 에나멜이 검토되어 고급차에 적용되기 시작하였다.

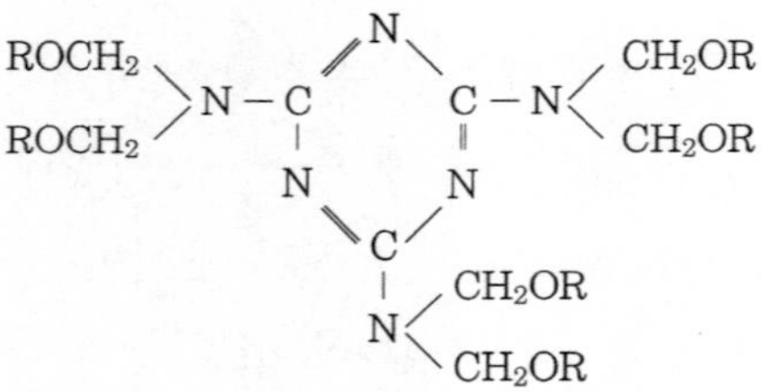

R : Me

① 완전 알킬에테르화 멜라민수지

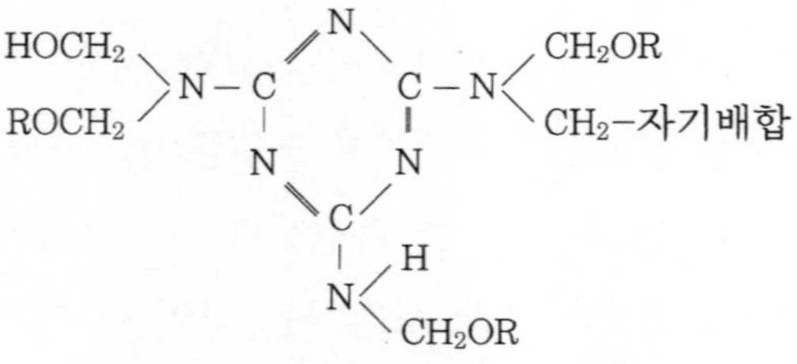

R : n-Bu, i-Bu, Me

② 부분 알킬에테르화 멜라민수지

그림 1-6 멜라민수지

1965년 이후는 상칠에서 메탈릭 마무리가 많아진 결과 아
크릴수지의 사용이 늘어나고 아미노알키드계는 오직 솔리드
컬러(금속 가루를 포함하지 않고 착색 안료만으로 구성된 색
상)용으로 용도가 굳어졌다.

멜라민수지 / 폴리올 간의 가교반응

① - NCH₂OR + ⓟ - OH	→ - NCH₂O - ⓟ + ROH
② - NCH₂OH + ⓟ - OH	→ - NCH₂O - ⓟ + H₂O

멜라민수지 간의 자기축합 반응

③ 2 - NCH₂OR + H₂O	→ - NCH₂N - + CH₂ = O + 2 ROH
④ 2 - NCH₂OR	→ - NCH₂N - + ROCH₂OR
⑤ - NCH₂OR + - NH	→ - NCH₂N - + ROH
⑥ - NCH₂OH + - NH	→ - NCH₂N - + H₂O
⑦ 2 - NCH₂OH	→ - NCH₂N - + CH₂ = O + H₂O
⑧ - NCH₂OR + - NCH₂OH	→ - NCH₂OCH₂N - + ROH
⑨ 2 - NCH₂OH	→ - NCH₂OH₂N - + H₂O

기타 반응

⑩ - NCH₂OR + H₂O	→ - NCH₂OH + ROH
⑪ - NCH₂OH	→ - NH + CH₂ = O

그림 1-7 멜라민수지의 반응

이와 같은 열경화성 도료의 경화제로 사용된 멜라민수지는
아크릴수지, 알키드수지와 산성 조건 아래 약 140℃에서 그림
1-7과 같은 가교반응을 일으켰으며, 경도, 광택, 내약품성,

무색 투명성, 내수성이 뛰어난 경화도막을 형성하므로 이후
수십 년 동안 자동차 상칠의 도장용 경화제로 사용되었다.

1-7 열경화성 도료에서의 새로운 가교반응 개발

앞에서도 기술한 바와 같이 열경화성 도료로는 자동차 상칠
도료를 중심으로 수십 년에 걸쳐 멜라민수지를 포함한 가교반
응이 사용되어 왔다. 그러나 근년 산성비로 인한 것으로 보이
는 비 얼룩이 자동차 상칠 도막의 큰 결함으로 부각된 이래 도
료공업과 관련 있는 여러 회사에서는 이른바 새로운 가교반응
의 개발이 활발하게 추진되었다.

새로운 가교반응이란, 반드시 화학으로서의 새로운 반응을
말하는 것이 아니라, 그 연구 배경으로도 알 수 있듯이 멜라민
수지로 가교한 도막의 단점인 산성비에 의한 내구 취약성을
개선한 가교반응을 의미한다.

따라서 그 접근방법으로는 우선 멜라민수지 가교도막이
왜 산성비에 취약한지 원인을 규명하고, 그 원인을 제거한
가교반응계를 구축한 다음, 도료 용도에서의 적성을 검정해
야 한다.

이때, 개발한 새로운 가교반응은 당초의 개발목적이었던 자
동차 상칠 도장용도가 요구하는 특성을 모두 만족시킬 수는
없겠지만 특정한 특성을 만족시킬 수 있다면 다른 용도, 특히

도료 이외의 열경화성 수지분야로 응용될 수 있을 것으로 기대된다.

자동차 상칠 도료용 가교반응의 남은 과제로는 주제(主劑)인 폴리머와 경화제 및 촉매를 애당초 혼합하여 둘 수 있는, 말하자면 한 용액 형태로 공시(供試)할 수 있느냐에 있다. 따라서 이 새로운 가교반응 개발에서는 전술한 일액성을 확보하고, 내성비에 대하여 내성이 큰 가교점을 생성시키는 것이 중요하다.

이 자동차 상칠 도료용의 새로운 가교반응에 관해서는 다음 장에서 상세하게 기술하도록 하겠다 (이 글은 일본 페인트 100년사를 참고하였다).

2장
생활 주변에서 보는 코팅

생활 주변에서 보는 코팅

우리의 생활 주변에는 다종다양한 도료가 사용되고 있다. 도장되는 물품들은 이 도막(塗膜)에 의해서 보호되고 또 그 미관도 유지된다. 보통 도막은 적층된 상태로 사용되며, 밑칠층은 피도물의 부식방지와 밀착, 상칠층은 미관과 태양광, 빗물에 대한 내성 등, 적층된 도막은 저마다 각기 부여된 기능을 감당하고 있다.

이 장에서는 우리 생활 주변에서 볼 수 있는 도료의 대표적인 것으로서 자동차용 도료, 프리코트 메탈(precoat metal)용 도료, 선박용 도료, 알루미늄 건재용 도료에 관해서 상술하고, 또 소위 말하는 고기능성 도료에 관해서도 소개하겠다.

2-1 자동차용 도료

자동차를 도장(塗裝)함에 있어서는 전착층, 중칠, 상칠(마감칠)로 나누고, 상칠에서는 알루미늄이나 마이카(mica)와 같은 광택제를 포함한 착색 베이스 위에 클리어층을 도장한 메탈릭 도장과 수지에 안료를 분산한 것만을 칠한 솔리드컬러 도장 두 종류가 있다. 그림 2-1은 자동차 도장 중 메탈릭 도장의 예를 든 것이다.

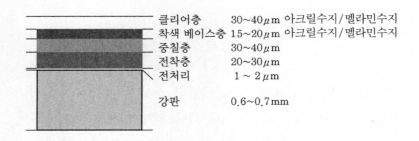

클리어층	30~40μm	아크릴수지/멜라민수지
착색 베이스층	15~20μm	아크릴수지/멜라민수지
중칠층	30~40μm	
전착층	20~30μm	
전처리	1~2μm	
강판	0.6~0.7mm	

그림 2-1 메탈릭 도장차의 외판 도장계 모델

(1) 상칠 도료

이들 도료계의 수지는 메탈릭 도장차의 경우는 아크릴수지와 멜라민수지의 조합, 솔리드컬러 도장차의 경우에는 폴리에스테르수지와 멜라민수지의 조합이 사용되어 왔다. 이 상칠도료의 변천을 그림 2-2에 보기로 들었다.

상칠 도장은 특히 미관을 담당한다는 의미에서 중요할 뿐만 아니라, 오래도록 내구성을 유지하기 위해 수지 개량 및 자외선 흡수제와 안정제의 첨가 등, 배합 면의 연구가 진행되어 왔다. 그 결과 크랙(crack), 백화(白化), 블리스터(blister) 같은 도장 결함이 대폭 감소하였다.

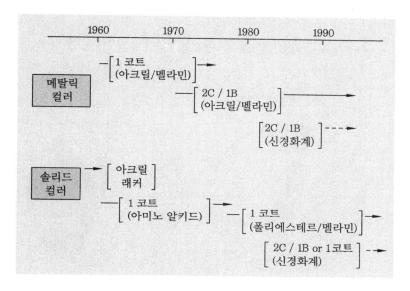

그림 2-2 자동차용 상칠 도료계의 변천

그림 2-3은 자동차 도장의 열화 결함의 변화를 예로 든 것이다. 그림 2-3을 보아서도 알 수 있듯이, 1989년에는 산성비가 야기한 것으로 추정되는 얼룩이 결함의 대부분을 차지하였다.

실제로 산성비로 인한 피해는 두드러진 환경문제로, 예컨대 pH 3~4의 산성비가 내리면 나팔꽃에 반점이 생기고 pH 3~4의 산성비가 내리면 벼의 발육에 지장을 초래한다고 한다.

또, pH 2~3이 되면 침엽수에 피해를 주고, pH 2 이하에 이르면 생물이 생명을 유지하기 어려워진다. 이와 같은 산성비로 인한 피해는 인공물에도 영향을 미친다. 그러므로 당연

히 자동차 상칠의 도막(塗膜)도 예외가 아니어서 산 부식
(acid etching)으로 인해 비 얼룩이 발생되는 것으로 보인다.

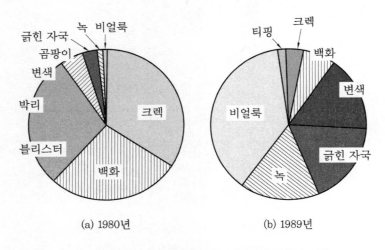

(a) 1980년   (b) 1989년

그림 2-3 자동차용 상칠(마감칠) 도료 역화 결합의 변화

이 산성비에는 그림 2-4에서 보는 바와 같이 질산이온
(NO_3^-), 황산이온(SO_4^{2-}), 염소이온(Cl^-)이 함유되어 있으며,
이들 이온이 비를 산성화시키는 주요 원인이다.

자동차 도막(塗膜) 위에 떨어진 비는 태양열에 의해서 응집
된 후 수소이온지수(pH)가 낮아지면 도막에 침투한다. 그 결
과 도막이 가수분해되어 얼룩이 발생한다.

이 화학 변화에 대해서는 이미 보고된 바 있으며, 도막
중에 멜라민수지가 가수분해되는 것으로 알려져 있다(그림
2-5).

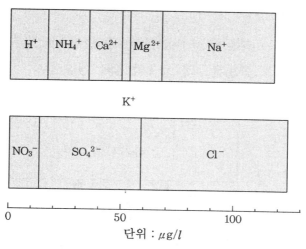

그림 2-4 강우 중의 이온 성분 농도조성

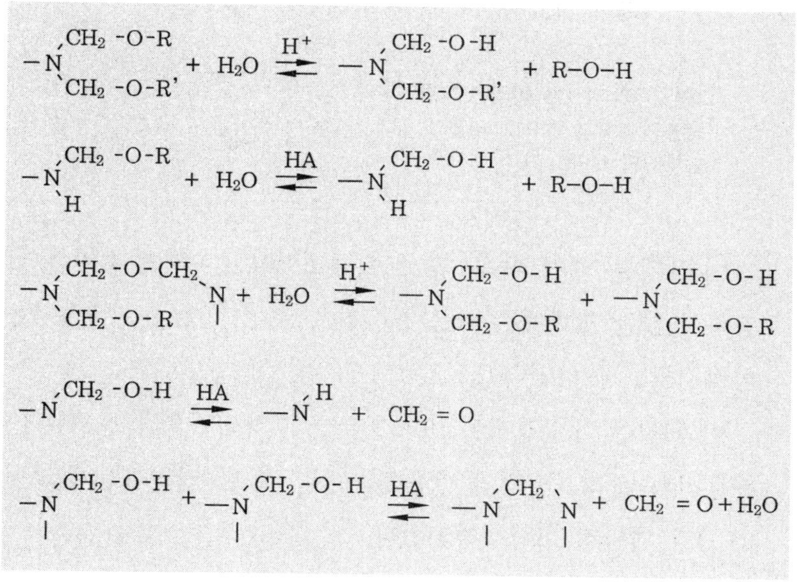

단위 : $\mu g/l$

그림 2-5 멜라민수지의 가수분해 반응

산성비에 포함되어 있는 산 중에서 특히 도막을 에칭 (etching)하는 것은 황산이며, 황산수를 떨어뜨리면 멜라민수지 경화도막의 표면은 그림 2-6과 같이 에칭된다.

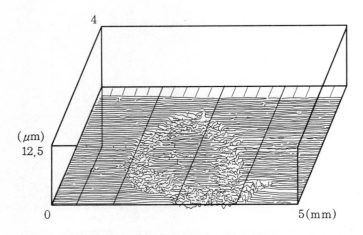

그림 2-6 아크릴-멜라민 경화도막의 희박황산 스포트 실험 결과(pH =3.5의 희박황산(0.5 mL)을 도막에 부착시켜 60℃에서 120분간 가열했을 때의 표면)

이와 같은 배경 아래, 각 도료제조회사는 멜라민수지를 사용하지 않는 경화계를 자동차 상칠 도료에 적용하여 내산성을 향상시키고자 하였다(표 2-1).

이와 같은 개발경쟁은 1990년부터 시작되었으나 현재는 카르본산과 글리시딜기의 반응을 베이스로 한 경화반응계(그림 2-7)가 일반적으로 정착되었다.

표 2-1 도로 제조회사별 새로운 경화시스템

제조회사	구 성
American Cyanamid	메틸아크릴아미드 글리콜레이트 메틸에테르(MAGME)
Eastman	아세트 아세틸 화합물 (AAEM)
PPG	카르본산/에폭시
UCC	카르본산/에폭시
Monsanto	카르본산/에폭시
Ciba Geigy	카르본산/에폭시
Du Pont	카르본산 무수물/에폭시
Rohm&Hass	옥사졸리딘/이소시아나토
NL Chemical	옥사졸리딘/이소시아나토
Bayer	옥사졸리딘/카르본산 무수물
ICI	마이클부가 (Michael addition)
Akzo	마이클부가
Herberts	아세탈 교환
Hoechst	비닐에테르/수산기
다이니폰잉크	시클로 카보네이트/카르본산
니폰촉매	옥사졸린/카르본산
가네후지	아크릴 실리콘
간사이페인트	에폭시/실라놀/수산기
니폰페인트	하프 (half) 에스테르/수산기/에폭시

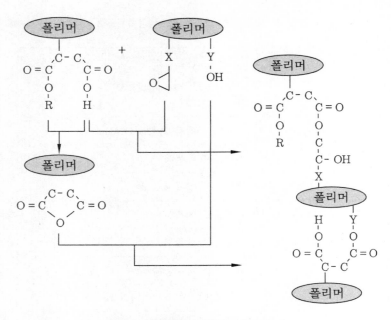

그림 2-7 산-에폭시 경화계의 반응기구

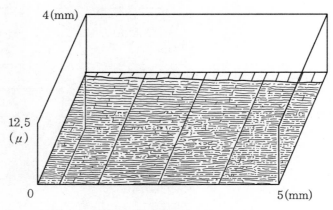

그림 2-8 희박황산 스포트 시험

이 카르본산과 글리시딜기의 반응을 베이스로 한 경화반응
계에서 얻어진 도막에 황산수를 떨어뜨렸을 때의 도막 표면
상태(그림 2-8)를 멜라민수지 경화도막(그림 2-6)과 비교하
면 이 카르본산과 글리시딜기의 반응을 베이스로 한 경화도막
에서는 전혀 산 에칭이 이루어지지 않았음을 알 수 있다.

여기서는 먼저 멜라민수지 가교도막에 대한 산성비의 영향
에 대하여 개설하고, 이어서 도료 용도에서 사용이 기대되는
각종 가교반응과 연구 성과를 소개하도록 하겠다.

(2) 멜라민수지 가교도막에 미치는 산성비의 영향

일본 환경청의 산성비대책검토회가 1994년에 발표한 데이
터에 의하면 pH 4~5를 나타내는 산성비가 어느 특정 지역에
서만 아니라, 일본 전국 각지에 내리고 있는 것으로 밝혀졌다.

지상에 도달한 산성비는 태양열에 의해서 더욱 농축되어 수
소이온지수가 떨어진다. 이와 같은 응축이 도막 위에 발생하
면 멜라민수지로 가교된 도막은 그 일부가 가수분해되어 도막
외관에 이상이 생긴다(그림 2-5 참조).

멜라민수지는 그 구조를 보아 이해할 수 있듯이 염기성을
보이기 때문에 특정 조건이 갖추어지면 산으로 가수분해된다.
그 가수분해에 관하여는 [식 2-1]에 보인 기구가 제시되었으
며, 생성한 안메리드 또는 안메리크 구조가 수용성을 나타내
는 것으로 보아 도막 외관에 이상이 생기는 것으로 간주하고
있다.

[식 2-1]

이와 같은 멜라민수지 가교도막의 가수분해가 산성비(상성 물질)의 도막으로 침투하여 발생하다는 사실을 고려하면, 가교 도막의 T_g(유리 전이온도 ; glass temperature)를 증가시 킴으로써 산성비의 영향을 줄일 수 있다. 그러나 이 기법은 다른 한쪽 도막의 경도(硬度)를 필요 이상 높이기 때문에 실용적인 방법은 되지 못한다.

그래서 멜라민수지보다 염기성이 적은 결합을 갖는 가교반 응이 여러 회사에서 제안되기 시작했다. 가교 적용기로서는 각 제조회사가 저마다 연구를 하고 있으며, 생성된 결합은 COOR, NHCOOR, C–C, C–Si, –O–로 대별된다. 이들 결합은 모두 멜라민수지와 비교하여 그 염기성이 적기 때문에 양호한 내산 성이 기대된다.

(3) 새로운 가교반응계

① 에스테르 결합을 생성하는 가교반응

이 형의 대표적인 가교반응으로는 에폭시기(epoxy group)와 카르복실기(carboxyl group)의 반응 [식 2-2]을 들 수 있다.

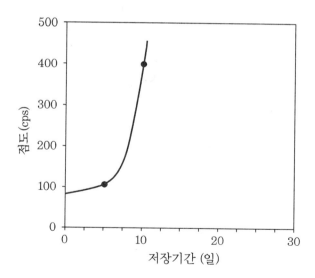

[식 2-2]

이 반응은 이전부터 분제 도료용의 반응으로 이용되어 왔으나 근년에 이르기까지 용제형 도료로 검토된 적은 없었다. 이것은 블록(block)하지 않은 카르본산과 에폭시기의 반응을 가교반응으로 이용하려고 하면, 그 반응성이 너무 높기 때문에 그림 2-9와 같이 도료 저장 때에 점도가 증가하여 일액화 달성이 어려웠기 때문이다.

그림 2-9 COOH-에폭시기 경화계 도료의 저장 안정성(40℃)

한편, 경화도막 중의 가교점은 에스테르 결합인 관계로 산성비에 대해서는 충분한 내성을 기대할 수 있다. 따라서 그 반응성의 제어를 기술과제로 하여 여러 가지 제안이 나오고 있다.

일본의 오꾸데 등은 ㈎ 하프 에스테르기(산무수물과 저급 알코올의 부가물)를 갖는 폴리머 및 ㈏ 수산기와 글리시딜기를 갖는 폴리머로 구성되는 가교반응계(NCS 경화계)를 구축하였다. 이 가교반응계에서는 하프 에스테르기의 폐환으로 먼저 산무수물기가 생성하고[식 2-3] 다음에 이 산무수물기가 수산기와 반응하여 카르복실기를 부여한다[식 2-4].

또, 여기서 생성한 카르복실기가 글리시딜기와 반응하여 [식 2-5] 가교도막이 생긴다.

이러한 일련의 반응 속도결정단계는 [식 2-3]과 같으며, 이 폐환반응이 실온 부근에서는 대부분 진행되지 않기 때문에 카르본산-에폭시기의 반응이자, 일액형 도료의 설계가 가능하다.

$$\text{CHCH}_2\text{COOH} \quad \xrightarrow{\;-\text{ROH}\;} \quad \text{CHCH}_2\text{CO}$$
$$\underset{\text{COOR}}{|} \qquad\qquad\qquad \underset{\text{CO}\;—\;\text{O}}{|}$$

[식 2-3]

$$\text{CHCH}_2\text{CO} \quad \xrightarrow{\;\text{HO}\;} \quad \text{CHCH}_2\text{COOH}$$
$$\underset{\text{CO}\;—\;\text{O}}{|} \qquad\qquad\qquad \underset{\text{COO}}{|}$$

[식 2-4]

가교

[식 2-5]

이 가교반응으로 얻어진 도막의 물성값과 도막 특성은 기대한 바와 같았으며, 얻어진 도막은 양호한 내산성을 나타내었다.

카르복실기와 비닐에테르를 사전에 반응시켜 두고[식 2-6] 여기서 카르복실기와 에폭시기의 반응 제어를 시도한(HCT경화계) 사례도 있다.

이 반응체(1)는 실온에서는 안정 상태이지만, 산 촉매 아래서 가열하면 카르복실기가 재생되고[식 2-7], 그 후에 에폭시기와의 반응이 진행되기 때문에[식 2-8] 본이 가교반응을 사용하면 도료에 양호한 저장 안정성을 부여할 수 있다 (그림 2-10).

[식 2-6]

[식 2-7]

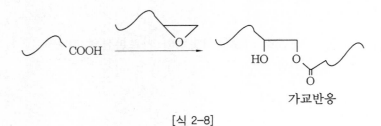

[식 2-8]

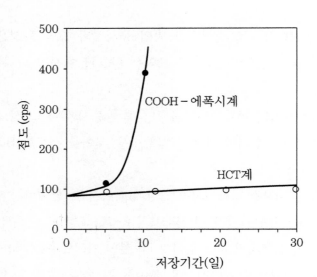

그림 2-10 HCT 경화계 도료와 COOH-에폭시 경화계 도료
의 저장 안정성 비교(40℃)

또 카르본산의 블록이 아닌 에폭시기의 블록을 제안한 사례
도 있다. 즉, [식 2-9]에 제시한 모노머에서 시클로 카보네이
트기를 갖는 아크릴 폴리머를 합성하고, 4급 암모늄염 존재
아래서의 카르복실기를 함유한 가교 반응을 제안하고, 또 그
반응계를 상세하게 검토했다 [식 2-10].

그 결과 이 가교반응은 90~140℃에서 원활하게 진행되어 당초 예측한 시클로 카보네이트기와 카르본산의 반응뿐만 아니라 시클로 카보네이트기의 중합반응도 일어나는 것으로 밝혀졌다. 그리고 얻어진 도막의 외관은 양호하여 좋은 내약성과 내후성을 나타냈다.

$$CH_2 = CHCOOCH_2\overset{\underset{\displaystyle CH_3}{|}}{CH} - CH_2$$

[식 2-9]

[식 2-10]

가교반응

카르본산과 에폭시기의 반응 이외에서 에스테르 결합을 발생하는 가교반응으로서는 청(Chung) 등에 의한 스피로올소에스테르기를 곁사슬로 갖는 아크릴 폴리머의 양이온 중합을 들 수 있다. 이 스피로올소에스테르기를 곁사슬로 갖는 아크릴폴리머는 글리실기를 갖는 아크릴 폴리머와 e-카프로락톤을 반응시킴으로써 비교적 쉽게 합성할 수 있다 [식 2-11].

[식 2-11]

이 폴리머를 양이온 중합 개시제로 반응시키면 주로 [식 2-12]의 결합을 갖는 겔이 발생함과 동시에 최대 0.5퍼센트의 체적 팽창을 나타낸다.

보통 가교반응의 진행과 더불어 체적 수축이 발생하고, 내부 응력이 크게 됨으로써 도막 결함이 발생하기 쉬운 사실을 고려하면 이와 같은 체적 팽창을 나타내는 가교반응은 매우 흥미롭다.

가교반응

[식 2-12]

② 탄소·탄소 결합을 생성하는 가교 반응

강한 염기촉매를 사용하지 않는 마이켈 부가 반응계도 새로 개발되었다. 이 반응계는 말론산 에스테르, 아크릴레이트로 구성되어 있으며 제4암모늄염과 에폭시 화합물을 조합하여 공 (共) 촉매로 사용하고 있다. 이 2종의 화합물 조합으로 각각 단독으로는 진행하지 않는 마이켈 부가반응이 비로소 진행되었다 [식 2-13].

$$CH_2=CHCOOEt + EtOCCH_2COEt \xrightarrow[\substack{60℃, \\ 9\ hours}]{\substack{TBABr \\ GPE}}$$

[식 2-13]

반응에 미치는 촉매효과도 상세하게 검토되기 시작하였다. 예를 들면, 글리시딜페닐에테르 및 제4암모늄염에 존재하는 아크릴산 에틸에 대한 말론산 디에틸의 마이켈 부가 반응과, 이에 영향을 미치는 제4암모늄염의 카운터 음이온 효과는 그림 2-11에 보인 바와 같이 Cl > Br > I 의 순이 되는 것으로 보고되었다.

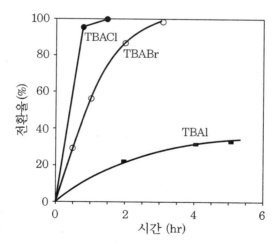

그림 2-11 마이켈 부가 반응에 미치는 제4암모늄염의 음이온 효과 (40℃). 말론산 디에틸/아크릴산 에틸/제4암모늄염 = 100/100/1 (몰비)

또 아세트아세톡시에틸 메타크릴레이트 및 글리시딜메타크릴레이트를 공중합한 폴리머, 펜타에리트리톨 트리아크릴레이트 (Pentaerythritol triacrylate) 및 테트라부틸암모늄나이트레이트로 구성된 경화계(硬化系)를 설계하고, 그 도료용도에 대한 용용을 시도한 바 양호한 저장 안정성(40℃, 10일간)과 내산성을 가진 도막이 얻어졌다 (140℃, 20분간 가열).

프로파르길(propargyl)기의 메타라사이클 반응에 의한 삼량화[식 2-14]를 가교반응으로 사용하는 방법도 있다. 폴리머에 프로파르길기를 도입한 것은 [식 2-15]에 보인 모노머의 라디칼 중합 등에 의해 실시되고 있다.

$$RCH_2C = CH \xrightarrow[180-200℃]{Ni \ or \ Co} RCH_2 - \underset{CH_2R}{\overset{CH_2R}{\bigcirc}}$$

[식 2-14]

$$\rangle - COOCH_2CH_2OCOCH_2C = CH$$
$$\overset{\|}{O}$$

[식 2-15]

하이솔리드 도료를 조제하는 경우는 보통 기체(基體) 수지의 분자량을 저하시킴과 함께 그 T_g(유리 전이온도)도 낮추어 줌으로써 점도(粘度)를 저하시키고 있다. 그 결과 도막의 물성이 저하되는 것이 많이 염려스럽지만, 이 반응의 경우 가교반응의 진행과 더불어 벤젠고리가 생성되어 오히려 T_g가 증가하기 때문에 흥미로운 가교반응이라 할 수 있다.

산다(F. sanda), 다카다(T. Takata), 엔도(T. Endo) 등은 각종 비닐시클로프로판을 갖는 폴리머를 합성하여 [식 2-16] 그 가교반응성을 검토했다. 그 결과 비닐시클로프로판기가 50℃ 이상에서 라디칼적으로 개환 중합하여 가교를 부여하며, 가교 때의 체적 수축도 약 4퍼센트 정도인 것으로 확인되었다.

[식 2-16]

③ 우레탄 결합을 생성하는 가교 반응

6원자 고리상 우레아의 경우, 가열상태에서 [식 2-17]과 같은 반응이 일어나 이소시아네이트기를 생성하는 것으로 밝혀졌다.

[식 2-17]

이 화합물을 블록 이소시아나토의 블록제로 사용하면 가열시에 블록제에서 이소시아네이트기가 생성되어 폴리머 중의 수산기와 반응한 후 고정화된다 [식 2-18].

[식 2-18]

따라서 종래의 블록 이소시아네이트 가교계에서 볼 수 있었던 블록제 휘산이 발생하지 않고, 그 휘산(揮散)에 따른 가열로의 진 오염이 줄어들 가능성이 있다. 또, 이 고리상 우레아에 라디칼 중합성 2중 결합을 도입한 2-메타크릴로일 옥시에틸옥시카르보닐 프로필렌우레아 [식 2-19]의 합성에도 성공하였으며, 아크릴 폴리머에 가교성 작용기로 도입하는 것도 가능해졌다. 이 가교반응계는 비휘산형으로, 우레탄 결합을 생성할 수 있는 가교반응으로서 매우 흥미롭다.

[식 2-19]

비휘산형으로 우레탄 결합을 생성하는 다른 가교반응으로는 5원자 고리 카보네이트와 아민의 반응이 있다 [식 2-20].

[식 2-20]

이제까지 우레탄의 생성반응으로는 이소시아네이트와 수산기의 반응, 또는 저분자량 알코올 등 비교적 달리하기 쉬운 활성수소를 갖는 화합물로 블록한 우레탄과 폴리머 중 수산기의 에스테르 교환이 사용되었으나 이러한 반응은 각각 이소시아네이트의 독성 또는 블록제에 의해 발생하는 노의 진 오염이 문제가 되었었다. 이 가교반응은 5원자 고리 카보네이트기의 개환반응이기 때문에 같은 우레탄 결합을 생성함에도 불구하고 전술한 문제를 해결할 것으로 기대된다.

가교반응

[식 2-21]

6원자 고리 카보네이트기를 갖는 메타크릴모노머를 합성하고 아크릴 폴리머에 도입한 후 디아민과 반응하면, [식 2-21]의 반응이 정량적으로 진행되고, 우레탄 결합이 생성됨으로써 가교반응이 발생하였다. 이 반응은 상술한 5원자 고리 카보네이트와 디아민과의 반응에 비해 보다 저온에서 진행된다고 한다.

④ 기타 결합을 생성하는 가교반응

에폭시기, 실라놀기, 수산기를 갖는 아크릴 폴리머 및 알루미늄 키레이트 화합물로 구성된 ESCA 경화 시스템이 제안되기도 했다. 이 시스템은 몇 가지 반응이 경쟁적으로 진행되기 때문에 상세하게 기술하기 어렵지만 ㈎ 키레이트 금속과 실라놀기의 반응에 의한 브뢴스테드산의 생성, ㈏ 생성한 브뢴스테드산과 에폭시기 및 다른 실라놀기의 반응에 의한 양이온적인 가교반응 진행이라는 반응기구가 만들어졌다 [식 2-22].

[식 2-22]

가교반응으로 가장 기여율이 높은 반응은 에폭시기가 관계된 반응, 특히 수산기의 부가반응으로 알려져 있다.

ESCA 가교시스템에서 얻어진 도막은 양호한 내약성, 내후성 및 내오염성을 나타내어, 각종 용도로 쓰이고 있다.

C-Si 결합을 생성하는 가교반응으로 알케닐기에 SiH의 부가반응인 히드록실릴레이션[식 2-23]을 사용하자는 제안도 있다.

[식 2-23]

이 가교계의 경화제로는 한 분자 속에 여러 개의 SiH기를 갖는 메틸페닐 히드록젠실록산(식 2-24)을 사용하고 있다. 이 경화제와 알케닐기를 포함한 아크릴 폴리머를 염화백금산 존재 아래서 반응시키면 신속하게 가교반응이 진행되어 산화 도막을 얻을 수 있다.

[식 2-24]

따라서 이 하드록실릴레이션 반응을 가교반응으로 응용하기 위해서는 반응제어가 긴요하다. 이에 대하여, 키레이트화제를 반응 제어제로 사용함으로써 도료용 가교반응으로서의 응용을 시도하는 예도 있다.

이 가교반응에 의해 얻어진 가교도막은 산성비에 대하여 우수한 내성을 보인다. 또 점성이 낮은 실리콘을 경화제로 사용하기 때문에 도료 중의 용제량을 절감할 수 있어 환경 대응형 도료로 기대된다.

[식 2-25]

-O- 결합을 생성하는 가교반응으로 에폭시기의 양이온 중합반응 [식 2-25]를 가교반응으로 사용할 것을 제안한 예도 있다.

이제까지 양이온 중합은 트리플루오르 메탄술폰산 등의 초강산을 개시제로 사용하였으므로 양이온 중합성 모노머와 개시제를 혼합하면 거의 동시에 중합반응이 개시되어 가교반응으로 응용하기가 곤란했었다. 그래서 열해리성의 제4암모늄염을 양이온중합 개시제로 응용함으로써 일액체성의 확보를 시도하고 있다. 사용되는 제4암모늄염은 N-벤질-N, N-디메틸아닐리늄 헥사플루오르안티모네이트로, 벤질기 4위의 치환기 종류를 변화시킴으로써 경화온도를 제어할 수 있다고 한다

[그림 2-12]. 또 획득된 가교도막은 양호한 내산성을 나타내는 것으로 보고되었다.

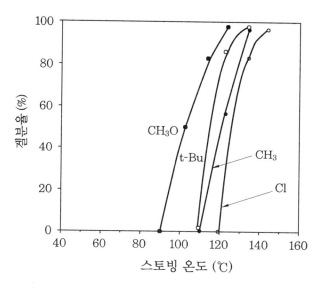

그림 2-12 양이온중합 경화 도료의 경화성에 미치는 벤질 아닐리늄염의 p-치환기의 효과

열경화성 도료용도에서는 공업제품으로서의 완성도를 높이면서 도막의 고기능화가 더욱 더 요구될 것으로 전망된다. 자동차 상칠 용도 중 내산성용 가교반응 개발에서 발단한 도료용의 새로운 가교반응 개발은 이 절에서 개관한 바와 같이 일정한 성과를 거두고는 있지만 동시에 또 다른 과제를 내포하고 있다. 앞으로 새로운 가교반응 개발 및 적용과 검토가 계속될 것으로 예상된다.

(4) 중칠도료

중칠이라는 호칭이 확립된 것은 1964년 이후, 즉 전착도료가 채용되어 자동차 도장 엔지니어링의 원형이 거의 완성된 때부터인데, 여기서는 상칠 전에 도장되는 전착도료를 제외한 밑칠도 중칠에 포함하여 설명하겠다.

현재의 중칠과 마찬가지로 외관 향상과 부착성을 향상시킬 목적으로 하는 도료가 자동차 도장에 최초로 도입되었을 때는 유용성(油溶性) 페놀수지가 사용되었다. 그리고 1958년 이후에는 아미노알키드수지계 도료와 에폭시에스테르수지계 도료의 도입으로 방식성, 부착성 등이 비약적으로 향상되어 현재의 중칠 원형이 개발되었다.

표 2-2 중칠에 필요한 대표적 기능과 내용

기능(항목)	내 용
층간 부착성	전착/중칠, 중칠/상칠의 부착성
내티핑성	박리면적, 소지 손상률의 극소화
내후성	① 폭로 후의 중칠/상칠의 박리 방지 ② 전착에 대한 광선투과 억제, 폭로 후 전착에서의 박리 방지
색채조정	컬러 중칠화로 낮은 은폐 상칠의 도장을 가능하게 하고 상칠의 도색역 확대
직행률 향상	① 바탕의 먼지, 물질 피복효과 ② 연마부에 발생하는 정전기의 감쇠성이 빠르고 외관 이상이 줄어듦
외관향상	바탕의 거치름을 피복하여 평활성 확보

중칠 도료에 요구되는 기능은 다종다양하지만 대표적인 항목과 내용을 들면 표 2-2와 같다.

이와 같은 기능을 만족시키기 위해서는 수지 조성, 도료·막물성(膜物性), 안료 분산성, 대전(帶電) 유지성 등을 중요 요소로 고려해야 한다. 중칠 도료용 수지로는 주로 알키드수지계가 광범위하게 사용되고 있다. 이는 에폭시수지로는 내후성에, 또 아크릴수지로는 안료 분산성과 물질감에 약간 어려움이 있기 때문이다. 알키드수지에 사용되는 주요 모노머는 표 2-3과 같다.

표 2-3 주요 모노머종과 그 화학구조식

모노머 명칭	약호	화학구조식
트리메티롤 프로판	TMP	$\begin{array}{c} CH_2OH \\ \vert \\ HOH_2C - C - CH_3 \\ \vert \\ CH_2OH \end{array}$
네오펜틸 글리콜	NPG	$\begin{array}{c} CH_3 \\ \vert \\ HOH_2C - C - CH_2OH \\ \vert \\ CH_3 \end{array}$
무수프탈산	PAN	

이소프탈산	IPHA	COOH / COOH (벤젠고리)
헥사히드로무수프탈산	HHPA	
아디핀산	ADA	$HOOC-(CH_2)_4-COOH$
카슐러 E	CAE	$R_2 - \overset{R_1}{\underset{R_1}{C}} - \overset{O}{\overset{\|}{C}} - O - CH_2 - \overset{H}{C} - CH_2$ ... O
ε-카플로락톤	ε-CL	

① 층간 부착성 향상

부착성에 영향을 미치는 주요 요인으로는 경화도막에 잔존하는 수산기의 양을 들 수 있다. 경화반응 후에도 이 수산기를 잔존시키기 위해 2급 수산기의 폴리에스테르 도입이 진행되고 있다.

② 내티핑성

중칠은 높은 영률, 높은 항장력, 낮은 신장률의 물성을 갖는 전착도막 위에 도장된다. 이와 같은 도장성으로 양호한 내티핑성을 얻기 위해서는 중칠도막에 적절한 항장력과 높은 신장률을 부여해야 한다. 이렇듯 높은 신장률을 확보하기 위해 ε-카프로락톤을 반응시킨 알키드수지가 사용되고 있다.

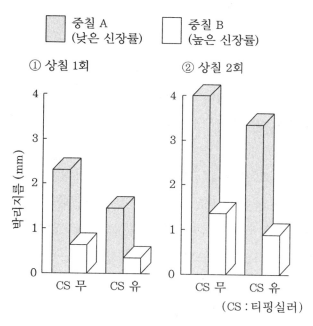

그림 2-13 중칠의 종류와 박리 지름

그림 2-13은 신장률이 다른 2종의 중칠도막에서의 내티핑성을 비교한 결과이다. 그림에서 알 수 있듯이 높은 신장률을 갖는 중칠도막에서는 양호한 내티핑성을 나타낸다.

③ 내후성

중칠 도료에 사용되는 알키드수지는 기본 골격이 에스테르 결합으로 되어 있기 때문에 원래 양호한 내후성을 가지고 있지만 그 수준을 더욱 향상시키기 위해 방향족 카르본산계의 모노머에서 지환식(脂環式) 카르본산이나 지방족 카르본산으로의 대체가 이루어진다.

④ 직행률

중칠도막 밑 전착도막에 붙은 먼지 등은 완전 제거되지 않기 때문에 플로우성이 지나친 도료가 도포되면 상칠도막상에 이상이 발생하기도 한다. 따라서 플로우성을 적절하게 조정한 중칠 도료를 도장하면 먼지 등을 피복하여 도막 이상을 억제할 수 있다.

보통 도료의 경화속도, 알키드수지의 분자량, 안료 농도 등으로 가교반응 때의 플로우성을 조정하고 있다.

상칠도막의 외관 향상을 위해 중칠도막의 전면 물 연마와 부분 연마를 하는 경우도 있다. 이때 발생하는 정전기가 상칠도장 때까지 잔존하여 있으면 상칠도료에 바탕 이상이나 색깔의 얼룩 등 도막 이상이 발생하는 경우가 있다. 따라서 중칠도막에는 정전기를 줄이는 성질도 중요하다.

⑤ 외관 향상

외관을 향상시키기 위해서는 강판 및 그 위에 도장된 전착도장의 표면 거칠음을 피복하여 평활성을 확보할 필요가 있다. 따라서 전술한 직행률 향상과 마찬가지로 적절한 플로우성 확보가 필요하다.

(5) 전착도료

그림 2-14와 같이 초기에는 에폭시알키드수지계 용제형 도료의 스프레이 도장 위주였고, 자동차 내면에 대한 도장은 어려웠다. 다음에 알키드수지의 수용성 도료에 의한 침지(浸漬) 도장이 채용되어 자동차 내부의 도장이 가능하게 되었다. 그러나 도장작업상의 문제와 막 두께 부족으로 인한 낮은 방청력이 문제가 되었다.

현재 양이온 전착도료의 전신인 음이온 전착도장법은 예부터 알려져 있었으나 자동차 보디의 밑칠로 처음 실용화된 것은 미국의 포드차 (1963)부터였다. 그 후 자동차 산업의 융성과 더불어 수요가 급속히 늘어나고 방청력도 대폭 향상되었다.

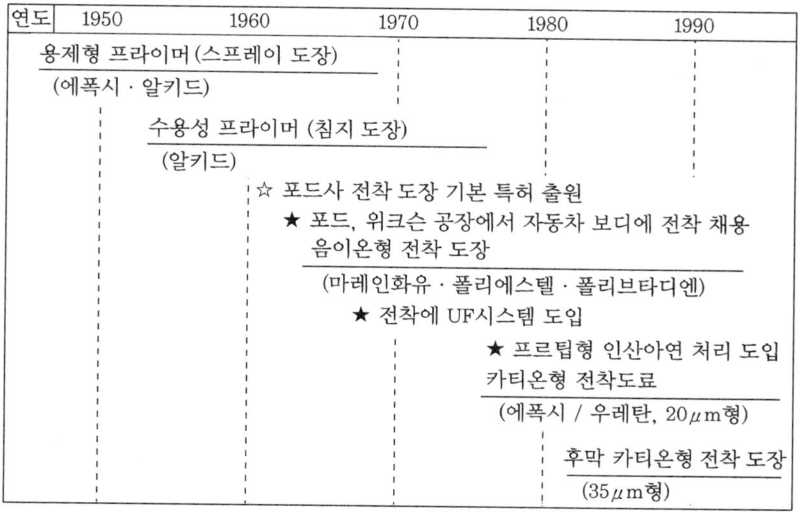

연도	1950	1960	1970	1980	1990

용제형 프라이머 (스프레이 도장)
(에폭시 · 알키드)

수용성 프라이머 (침지 도장)
(알키드)

☆ 포드사 전착 도장 기본 특허 출원
★ 포드, 위크슨 공장에서 자동차 보디에 전착 채용
음이온형 전착 도장
(마레인화유 · 폴리에스텔 · 폴리브타디엔)
★ 전착에 UF시스템 도입
★ 프르팁형 인산아연 처리 도입
카티온형 전착도료
(에폭시 / 우레탄, 20μm형)
후막 카티온형 전착 도장
(35μm형)

그림 2-14 자동차용 밑칠 도장의 변천

원래 전착도장법은 미국과 캐나다 같은 염해지역의 자동차 보디 부식 대책용으로 개발되었다. 하지만 음이온 전착도료가 초기의 천연유형에서 합성수지형으로 개량되어 그 내식성이 향상되었음에도 불구하고 북미지역 등의 열악한 부식환경에서는 그 방청력이 충분치 못했다.

양이온 전착도료가 음이온 전착도료에 비하여 높은 내식성을 갖는다는 것은 전기화학 면에서도 충분히 추정할 수 있었다. 실험을 통하여서도 확인되었지만 당시 실용화하기 위해서는 해결하여야 할 많은 과제가 존재했었다. 이 양이온 전착도료의 실용화에 최초로 성공한 회사는 미국의 PPG사였다.

양이온 전착도료는 당초 세탁기와 드라이어 등의 가전제품에 이용되었으나 그 후에 품질향상이 신속하게 진행되어 1970년대 말에는 자동차 보디의 밑칠에 본격적으로 사용되기 시작했다.

그림 2-14는 자동차의 밑칠로 도장되고 있는 양이온 전착라인도이다. 그림과 같이 200~300톤의 수용성 도료가 들어있는 탱크 안에 자동차 보디를 침지 통과시켜 전기화학적으로 도료를 부착시킨 것이 전착도장이다.

전착도장에서는 머리 위의 컨베이어(오버헤드 컨베이어)로 운반된 보디가 A점에 이르면 보디를 매단 행거와 전극이 접촉하여 행거를 통하여 보디에 마이너스의 전기가 흐른다. 이 상태에서 보디가 하전(荷電)시키고 있는 전착도료 탱크 안을 통과하면 전기화학적 작용(그림 2-15)에 의해 도료가 보디에 전착도장된다.

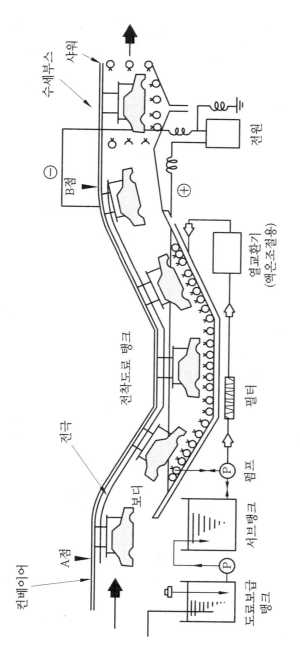

그림 2-15 전착 도장장치 개략도

보디 컨베이어에 의해 B점에 왔을 때 행거와 전극이 떨어져 보디에 하전되어 있던 마이너스 전기가 끊어진다. 이와 같이 전착도장은 도료 속에 보디 전부를 담가 도장하기 때문에 형상이 복잡한 부위까지도 균일하게 도료가 부착되어 내식성이 크게 향상된다는 장점이 있다.

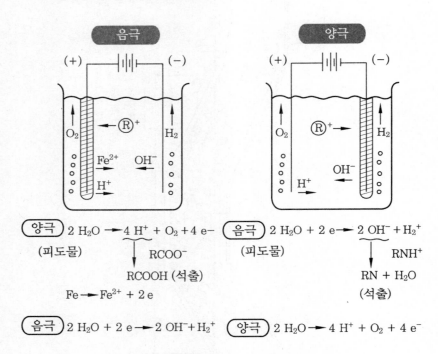

그림 2-16 음이온형 전착과 양이온형 전착 기구

전착도료로 사용되는 수지는 내식성이 가장 중요시된다. 이와 같은 관점에서 가장 우수한 것은 비스페놀 A형 에폭시수지이다. 따라서 시장에 판매되고 있는 양이온 전착도료의 대부분

은 비스페놀 A형 에폭시수지라고 할 수 있다. 따라서 비스페놀 A형 에폭시수지는 밀착성, 내약성에는 우수하지만 매우 위약하기 때문에 보통 다음에 제시한 폴리머와의 반응 후 사용된다.

① 폴리에스테르폴리올

② 폴리에테르폴리올

③ 폴리알킬렌옥시폴리아민

④ 긴사슬 알킬 치환 페놀

⑤ 아크릴로니트릴 · 부타디엔 공중 합체

양이온 전착도료에서 사용되는 경화제는 주로 폴리이소시아네이트 경화제란 것인데, 그 대표적인 조성은 그림 2-17과 같다.

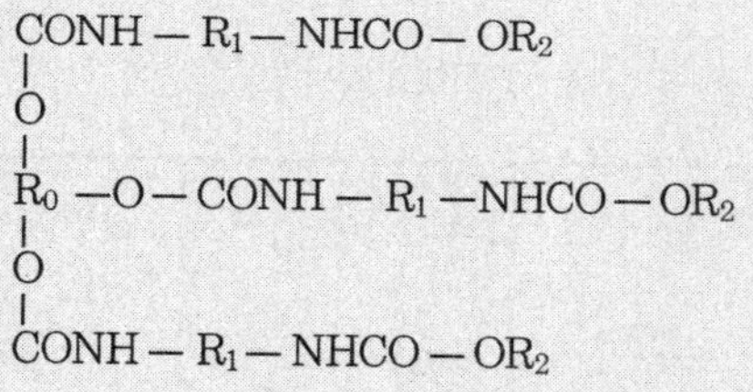

$$
\begin{array}{l}
CONH - R_1 - NHCO - OR_2 \\
\; | \\
\; O \\
\; | \\
R_0 - O - CONH - R_1 - NHCO - OR_2 \\
\; | \\
\; O \\
\; | \\
CONH - R_1 - NHCO - OR_2
\end{array}
$$

여기서

$R_1 - (NCO)_2$: 아소시아 나트 모노머

$R_2 - OH$: 블록제

$R_0 - (OH)_3$: 다작용화제

그림 2-17 폴리이소시아네이트 경화제의 대표적인 조성

이소시아네이트에는 디페닐메탄디이소시아네이트(MDI) 등의 방향족계 및 이소포론디이소시아네트(IPDI) 등의 지방족계

2종류가 있다. 방향족계는 반응성이 높고 내식성도 양호하지만 열과 빛에 의한 내분해성이 떨어진다.

한편, 지방족계는 방향족계와는 반대되는 성질을 갖기 때문에 목표 품질에 따라 구분해서 사용하고 있다. 경화온도를 낮추기 위해서는 촉매의 선택이 중요하며, 유기주석 화합물이 가장 많이 사용되고 있다.

이와 같이 폴리이소시아네이트 화합물을 사용한 경화시스템은 매우 유효한 시스템이기는 하지만, 기본적으로 이탈물이 수반되고 고온 때에 열분해할 가능성이 있어, 새로운 경화시스템이 등장할 것으로 기대된다. 특허 측면에서는 표 2-4에 제시한 반응이 경화반응으로 보고된 바 있다.

표 2-4 전착도로용 신가교 반응

① 에폭시기에 의한 부가반응	$\sim CH-CH_2 + HO \sim \Rightarrow \sim CH-CH_2-O \sim$ $\diagdown O \diagup \mid$ OH
② 블록 이소시아나트에 의한 가교반응	$\sim NH-CO-OR+HO\sim \Rightarrow \sim NH-CO-O+ROH\uparrow$ (우레탄 결합) $\sim NH-CO-OR+H_2N\sim \Rightarrow \sim NH-CO-NH+ROH\uparrow$ (유리아 결합)
③ 멜라민페놀수지에 의한 축합반응	$\sim CH_2-OR + HO \sim \Rightarrow \sim CH_2-O \sim + ROH\uparrow$
④ 불포화 2중결합에 의한 열분해 중합	$\sim CH=CH \sim \Rightarrow \sim CH-CH \sim$ $\mid$ $\sim CH-CH \sim$

⑤ 만니히 부가 물의 열분해 중합	$\sim CO - CH_2 - CH_2 - NR_1 \Rightarrow \sim CO - CH = CH_2 + HNR_1 \uparrow$ <div align="center">$\mid$ $\mid$</div><div align="center">R_1 R_2</div>$\Rightarrow \sim CH - CH_2 - CH - CH_2 \sim$ <div align="center">$\mid$ $\mid$</div><div align="center">$CO \sim$ $CO \sim$</div>
⑥ 에스테르 교 환반응	$\sim CO - OCHR_1 + HO \sim \Rightarrow \sim CO - O \sim + R_1CHOH \uparrow$ <div align="center">$\mid$ $\mid$</div><div align="center">R_2 R_2</div>
⑦ 프로파길기의 부가반응	$\sim C \equiv CH \Rightarrow$ 벤젠고리 구조

칼럼

전착도장 (電着塗裝)

전착도장은 콜로이드의 전기영동을 이용한 도장법으로, 자동차와 건축재료 등, 금속소재의 밑칠로 이용되고 있다. 예를 들면, 자동차의 경우 플러스로 대전한 수용성 도료를 채운 용기에 보디 전체를 담근다. 이 보디를 음극으로 하여 전류를 흘리면 물속에 분산되어 있는 도장성분의 콜로이드 입자가 전기에 의해서 보디에 균일하게 석출되므로 도료의 막이 형성된다. 전착도장은 다음과 같은 특징이 있다.

① 자동화가 가능하며, 대량 생산에 적합하다.

② 도장의 두께를 전기량의 가감으로 조절할 수 있다.

③ 다른 도장법으로는 칠하기 어려운 복잡한 형상부분까지도 균일하게 도장할 수 있고 내식성을 향상시킬 수 있다.

④ 도장에 필요한 만큼의 도장성분을 용기 안에 석출시킴으로 도료의 이용률이 높다.

⑤ 유해한 유기(有機) 용매를 사용하지 않아도 된다.

2-2 프리코트 메탈용 도료

(1) 프리코트의 역사

예전에는 강판을 대표로 하는 금속판을 용도에 따라 성형 가공하여 최종 용도로 만든 다음 도장을 했었다. 그러나 이제는 주택의 금속지붕, 도어, 덧문, 냉장고, 석유스토브, 판 히터, 세탁기, 전자레인지 등은 평판 그대로 금속판에 도장한 후에 프레스가공이나 접어 가공하여 최종 제품으로 만들어 사용하는 경우가 많다.

성형 가공한 후의 도장을 포스트코트라고 하는 데 대하여 성형 가공되기 전의 도장을 프리코트(precoat ; PCM)라고 한다.

프리코트의 역사를 추적하여 보면, 컬러 양철판을 발매한 것이 시초였으며, 그 당시는 알키드수지계 도료의 1코트 도장 방식이었다. 그 후에 건식 연속 아연도금이 소재로 도입되어 연속방식으로 롤코터(roll coater)를 사용하는 도장방식이 등장하여 건재용 상칠도료에 열경화 아크릴수지 도료가 채용되었다.

그 이후 2코트 2베이크라인이 도입되어 상칠 도료에도 성능 균형이 잡힌 오일 프리 폴리에스테르수지 도료가 열경화 아크릴수지 도료를 대체하여 오늘날의 건재용 상칠 도료의 초석이 되었다. 그리고 1970년대 후반에는 열경화 아크릴수지계 및 고분자량 폴리에스테르수지계 도료의 적용으로 가전제품의 프리코트화가 시작되었다.

현재 프리코트 메탈의 용도는 지붕재, 덧문, 셔터, 내장재 등의 건축재와 가전제품, 산업용 기기, 가정용 기기 등의 기기 가공이다. 프리코트 메탈용 소재로는 주로 아연도금 강판이 사용되며 전체의 약 80퍼센트를 점유하고 있다.

지붕재를 중심으로 발전한 프리코트 메탈 강판은 용도 확대, 도장 합리화, 성에너지, 성자원 및 환경규제를 배경으로 1970년대부터 가전제품에 적용되기 시작하였고, 현재는 전자 레인지의 외함, 세탁기, 냉장고, 에어컨 실외기 등 대부분의 가전제품으로 확대되었다.

(2) 프리코트용 도료의 도장 방법

프리코트용 도료의 도장방법은 오랫동안 롤코터와 커튼플로코터가 사용되었으나 오늘날에는 롤코터와 커튼플로코터를 조합한 롤커튼 코터와 다이(die)에서 도료를 공급하는 압출 노즐 소취(搔取)방식의 다이코터가 도입되었다. 프리코트 메탈에서는 두께 0.25~1.20 밀리미터, 너비 60~120 센티미터의 소재가 사용되고 있다. 도장은 절판(切板) 또는 연속 코일로 실시되지만 현재는 연속 코일라인이 주류를 이루고 있다. 그림 2-18은 2코트 2베이크라인의 한 예를 보인 것이다.

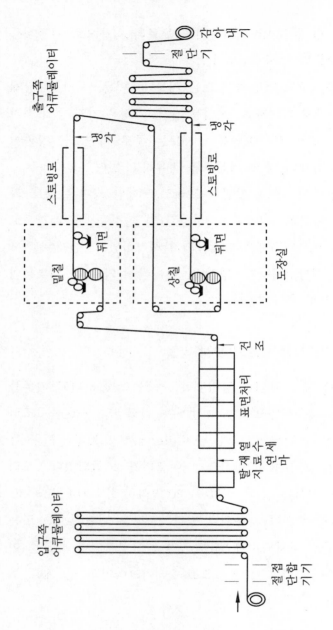

그림 2-18 프리코트 강판의 도장라인(2코트 2베크)

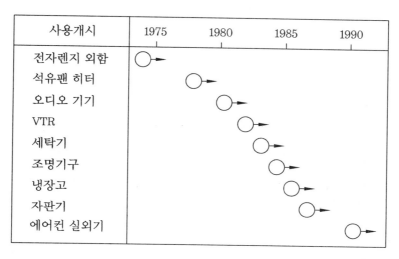

사용개시	1975	1980	1985	1990
전자렌지 외함				
석유팬 히터				
오디오 기기				
VTR				
세탁기				
조명기구				
냉장고				
자판기				
에어컨 실외기				

그림 2-19 프리코트 강판이 채용된 시기

라인은 고속도장, 고온 단시간 스토빙(stoving) 라인으로 되어 있으며 소재는 표면처리과정(화성처리 또는 도포형 전처리)을 거쳐 도장 스토빙 공정에 들어간다. 도장 스토빙 공정에서는 소재에 밑칠도료를 막 두께 3~5 μm로 도장한 후, 스토빙로에 20~60초간 가열·건조하여 냉각시킨다.

다음에 상칠도료를 막 두께 13~20 μm 도장하고 다시 스토빙로에 넣어 25~60초간 가열·건조하여 냉각 후 감아내어 출하한다. 이러한 일련의 작업은 분당 30~150 미터로 고속 진행되고, 각 스토빙로 안에서의 소재 가공온도는 소재에 도달하는 최고 온도인 180~250℃로 관리된다.

자동차용 도료 등, 각종 도료와 이 프리코트 메탈용 도료의 큰 차이점은 막 두께와 스토빙 조건이다.

일반적인 프리코트용 도료의 막 두께는 전기한 바와 같이 밑칠 도료와 상칠 도료를 합계하여 13~25 μm로 매우 얇다. 또, 스토빙 조건은 소재가 도달하는 최고온도 180~250℃로 다른 도료보다 높고, 스토빙 시간은 보통 20~60초, 긴 것일지라도 예외를 제외하고는 90초로 극단적으로 짧다.

따라서 프리코트용 도료의 특징은 박막 고온 단시간 스토빙이며, 이 점이 다른 도료와의 큰 차이점이다. 프리코트용 도료는 박막일지라도 가혹한 자연환경에 견디는 동시에 경도, 가공성, 내오염성, 내찰상성을 달성하고 있다.

한편, 환경 측면에서 고찰하면 프리코트는 스프레이 도장과 비교하여 도장 때의 불휘발분이 높고, 스토빙 때에 증발하는 용제를 애프터 버너에서 소각하여 그 에너지를 다시 스토빙로에 다시 사용하는 이상형 방식을 취하고 있다.

다음은 건재 및 가공용도의 프리코트 메탈용에 사용되는 폴리머에 관하여 기술하겠다.

(3) 건재용 프리코트메탈 도료에 사용되는 폴리머

건재용 상칠 도료용 수지로는 옥외에서의 내구성과 가공성의 균형이 필요하기 때문에 현재는 주로 분자량이 1000~5000 정도인 오일 프리 폴리에스테르 수지가 사용되고 있다. 옥외에서 내구성이 좋은 수지를 설계하기 위해서는 광 열화에 대하여 강한 결합에너지를 갖거나 광 에너지를 흡수하기 어려운 수지 설계가 요구된다. 또, 물에 의한 열화를 막기 위해 가수분해와

물에 용출되거나 팽윤하는 것을 회피하지 않으면 안 된다.

한편, 가공 때의 변형에 견디는 도장강도도 필요하다. 이를 위해 오일 프리 폴리에스테르수지의 제어가 필요하다. 예를 들면, 폴리에스테르수지의 산성분으로 방향족 이염기산을 많이 사용하면 도막의 유리 전이온도 (T_g)가 높아지고 그 결과 도막의 신장률이 떨어져 가공성이 손실된다.

마찬가지로 폴리에스테르수지의 분자량, 분기도 (分技度), 산가 (수지 중 COOH기의 농도) 및 수산기가 (수지 중의 수산기 농도)가 도막성능을 결정하는 중요 요소이다.

고온 단시간에 경화시키는 프리코트 메탈용 도료에서는 경화 때의 용제 증발을 고려한 용제가 사용된다. 이러한 용제의 대표적인 것으로는 비점이 높은 에스테르계 용제, 케톤계 용제 및 알코올계 용제와 그 조합이 있다.

오일 프리 폴리에스테르수지 자체는 열가소성 수지이기 때문에 경화도막을 얻기 위해서는 적당한 경화제와의 조합이 필요하다. 경화제로 사용되는 것은 메틸화 멜라민수지, 부틸화 멜라민수지, 메틸부틸 혼합형 멜라민수지, 벤조구아나민수지 등의 아미노수지 및 각종 블록 이소시아네이트수지이다.

한편, 건재용 밑칠 도료로는 에폭시수지와 그 변성 수지가 주로 사용되고 있다. 이것은 밑칠 도료에 요구되는 성능이 주로 소재 및 상칠에 대한 밀착성과 기계적 강도인 데 기인한다. 에폭시수지의 경우, 에폭시 당량 900~5000의 비스페놀A형 에폭시수지가 그대로 또는 약간의 변성을 가해서 사용된다.

에폭시수지의 변성(變性)으로는 비스페놀 A형 에폭시수지를 이염기산으로 고분자화한 후 이소시아네이트를 반응시킨 우레탄·변성 에폭시수지가 많이 사용되고 있다. 건재용 밑칠 도료의 경화제는 상칠 도료와 마찬가지로 아미노수지나 블록 이소시아네이트수지가 사용된다.

(4) 가공용 프리코트 메탈에서 사용되는 폴리머

가전용 프리코트 강판은 엄격한 조건에서 성형 가공되기 때문에 경화도막에는 그에 견딜 수 있는 유연하고 강인한 성능이 필요하다.

한편, 가공 및 반송 때의 내상성(耐傷性)과 도막의 내오염성 향상 관점에서는 강인한 도막이 필요하다. 즉, 가공성에는 유연하고 신도(伸度)가 있는 도막이, 또 내오염성에는 경도가 강한 도막, 즉 '유연하면서도 단단한' 도막을 필요로 한다.

이 배반되는 성능을 양립시키기 위해 가공용 프리코트 메탈에서는 보통 분자량 10000~30000의 곧은 사슬형 폴리에스테르수지가 사용되고 있다. 또 경화제로는 멜라민수지 또는 블록 아소시아네이트수지가 사용된다.

또 '유연하면서도 단단한' 도막을 실현하기 위해 경화제인 멜라민수지를 도막 표면의 일부에만 적용시킨 경사구조를 갖는 도막설계도 시도되고 있다. 이와 같은 도막에서는 도막 표층 부근에서 멜라민수지의 높은 가교층이 발생하기 쉽고, 그 결과 도막 전체의 유연성을 저해하지 않으면서도 표면의 경도

(硬度)를 높일 수 있기 때문에 '유연하면서도 단단한' 도막 실현에 접근할 수 있다.

이와 같은 도막 설계의 한 예로, 술폰산아민염을 경화촉매로 사용한 도료가 있지만, 이 도료의 경우 도막 표층 부근에서는 아민이 해리·휘발하여 활성이 증가해 도막 경도가 높아지는 데 비하여 도막 내부에서는 아민이 도막 밖으로 나오기 어렵기 때문에 그 경도가 비교적 낮아져 유연성이 확보된다.

이와 같은 '유연하면서도 단단함'을 얻기 위한 기술개발은 도료 제조회사, 강판 제조회사에서 활발하게 진행되고 있으므로 앞으로 포스트코트에서 프리코트로의 전환이 이루어질 것으로 기대된다.

2-3 선박용 도료

선박은 후판(厚板)을 주재(主材)로 하는 대형 구조물이기 때문에 박판 피도물을 대상으로 하는 다른 분야의 도료와 같은 스토빙 경화방식은 적용할 수 없다.

따라서 선박용 도료는 상온 건조형 도료가 대부분이고 그 건조기구상 용제 휘박형, 산화 중합형, 2액반응형 등으로 대별된다.

선박용 도료는 1960년대, 에어리스 도장기의 도입과 숍프라이머 방식의 채용으로 도장방식에 변혁을 가져왔고, 다시

탈에폭시수지계 도료와 염화고무수지계 도료가 개발되어 기본 도장방식이 확립되었다. 그 후에 에폭시 수지계 도료의 적용부 확대와 방오도료, 숍프라이머의 기능 향상에 따른 신규 수지계 도료의 개발이 이어져 오늘에 이르렀다.

앞으로 환경문제에 대한 대응과 선박 건조의 합리화 대책상 선박 도료의 변화가 예상되며, 현재는 변화로 나가는 과도기에 있다고 할 수 있다.

(1) 선박의 각 부위에 도장되는 재료와 그 특징

해상 수송수단인 선박은 개략적으로 그림 2-20과 같은 부위로 구성되어 있다. 그림을 보면 알 수 있듯이, 각 부위의 도막환경은 크게 차이가 있다.

표 2-5 각 부위의 도막 환경과 도막 성능

부 위		도막 환경	필요한 성능
갑판부		비·해수 비산 태양광	미관·내후성·방식성
거주역·기관역		실내 공조시설	미관·가벼운 방식성
선창	홀드	높은 습도	방식성
	오일 탱크	오일·석유 1차제품	내약성·내용제성·방식성
밸러스트 탱크		바닷물	방식성·내전기방식성
외판	외현부	비·태양광·해수비산	미관·내후성·방식성
	선저부	해수 해양생물 부착	방식성
			(방오도료) 생물부착 방지

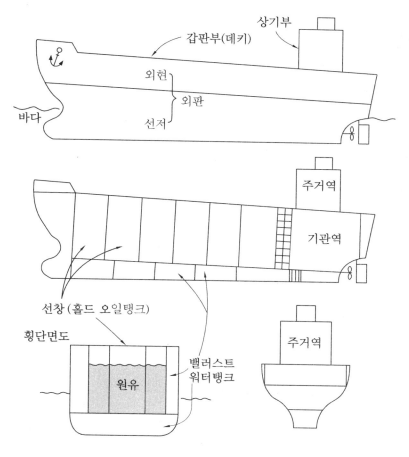

그림 2-20 중칠 종류와 박리 지름

강렬한 태양광에 노출되고 부딪쳐 흩어지는 바닷물과 맞닥
뜨리는 가혹한 환경의 갑판부에 비하여 기관역과 거주역처럼
비교적 평온한 부분까지 다양하다. 또, 선저부처럼 해양생물
의 부착으로 인하여 항해속도가 떨어지는 것을 방지할 목적에

서 방오기능을 요구하는 부위도 있다. 이러한 부분의 도막에 대하여 필요한 성능은 표 2-5와 같다.

(2) 선박 건조공정과 도장

선박용 갑판은 평판강과 형강 단계에서 밸러스트처리로 강재 표면의 밀스케일(mill scale ; 흑피)과 녹 등을 제거한 후 숍프라이머를 막 두께 $15\mu m$ 정도로 도장한다. 이러한 도장 강재는 그 후에 용단 또는 용접가공 및 조립공정을 거쳐 블록 도장되는 소단위 구조물이 된다.

블록단계에서 용접부 등의 바탕처리를 하고 각 부위에 상당하는 밑질도료(녹방지 도료와 프라이머)와 상칠도료를 도장한다. 다음에 블록은 용접으로 조립되어 하나의 선박 구조물이 되고, 블록 간 용접부의 도장을 실시하여 도장공정이 완료된다.

(3) 각 부위의 도료와 수지

① 숍프라이머

숍프라이머란 '강재의 가공과 조립기간 중에 녹이 발생하는 것을 막고, 그 후에 도장되는 도막의 방식성능을 발휘시키기 위한 도료'이지만 강재 가공 때의 용단 및 용접성에 영향을 미치지 않는 것이 중요한 성능이다. 숍프라이머에 사용되는 수지는 당초 비닐부티랄수지였으나 그 후에 방식성 향상을 위해 에폭시수지로 바뀌고, 다시 용접 때의 작업성 개선을 위해 에틸실리케이트가 사용되었다. 이후, 탄산가스 용접법의 도입과 자동 용접화의 진행으로 용접속도가 고도화됨에 따라 현재는 용접성이 보다 뛰어난 실리케이트계 숍프라이머가 등장했다.

② 밸러스트 탱크용 도료

선박이 파도가 거센 바다를 운항할 때와 빈 배로 항해할 때 중심(重心)을 낮추어 선체를 안정화시키기 위해 바닷물을 채우는 부분을 밸러스트 워터탱크라고 한다. 이 부위의 도막은 밸러스트 때는 해수에 침지되고 비밸러스트 때는 높은 습도에 노출되기 때문에 그 도막 환경이 매우 열악하다. 따라서 도막에 요구되는 성능은 표 2-8에 게시한 바와 같이 내수성 및 방식성이며, 미관은 신경 쓰지 않아도 된다. 통상 이 부위에는 강판의 공식(孔蝕) 방지를 위해 전기방식(電氣防蝕)이 병용되기 때문에 도막에는 내전기 방식성도 필요하다.

이 뛰어난 내수성 및 방식성을 발휘하는 재료로는 타르에폭시수지계 도료가 사용되고 있다. 이 도료는 석탄타르와 에폭시수지를 주성분으로 하며, 석탄타르의 특징인 낮은 가격과 우수한 방식성, 그리고 에폭시수지의 특성인 강판 부착강도에 의한 내수성과 상응하여 이 부위에 널리 사용되어 왔다.

타르에폭시수지계 도료는 2액형으로, 도료액 측은 석탄타르, 에폭시수지 및 안료로 이루어지고, 경화제 측은 폴리아민으로 구성되어 사용 시에 혼합하여 도장된다.

사용되는 에폭시수지는 분자량이 500~1400 정도인 비스페놀 A형 에폭시수지(그림 2-21)와 비스페놀 F형 에폭시수지이다. 경화반응은 그림 2-22와 같이 아민에 의한 에폭시 개환 반응이다.

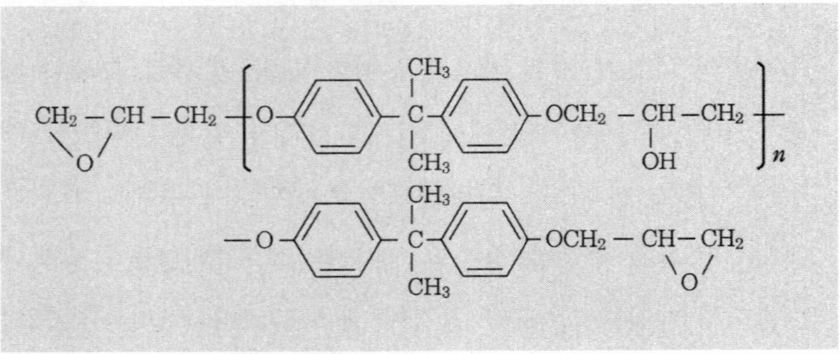

그림 2-21 비스페놀 A형 에폭시 수지

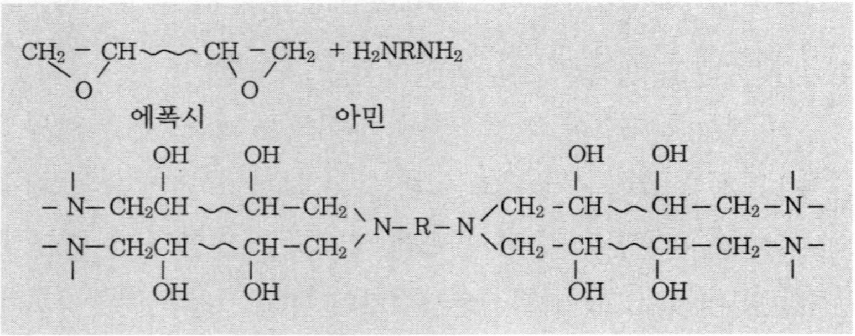

그림 2-22 에폭시와 아민의 반응

경화제에 사용되는 아민에는 안전과 성능 관점에서 아민과 다이머산의 축합물인 폴리아미드아민, 또는 에폭시수지와의 축합물인 폴리아민어덕트가 사용되고 있다.

또, 이 경화반응은 저온 때 반응성이 낮아 조선 도정공정에 합치되지 않는 경우도 있으므로 겨울철에 한하여 에폭시 변성 폴리올과 아소시아네이트의 우레탄 반응을 이용한 도료가 도장된다. 이를 동절기용 타르에폭시 도료라고 한다.

선박의 해난사고와 원유 유출사고가 잦아짐에 따라 그 방지를 위해 밸러스트 워터탱크의 정기검사의 중요성이 더욱 강조되고 있다. 이 정기검사 때의 효율 향상을 위해 탱크 안의 명색화(明色化)가 필요하게 되었다. 또, 석탄타르의 안전 위생상의 문제도 있어 탈석탄타르계 도료의 개발이 요망되고 있다.

석탄타르의 대체를 위해 석유의 C5 이상 올레핀 유분(留分)을 공중합한 옥시렌수지와 톨루엔수지로 호칭되는 석유 수지가 있으며, 이것을 사용한 도료는 블리치드타르 에폭시수지계 도료와 논블리치드 에폭시수지계 도료로 호칭되고 있다.

또, VOC 규제에 대응하고 도장효율을 향상시키기 위해 하이솔리드형 탈타르에폭시 도료가 필요하게 되었다. 하이솔리드형으로 하기 위해서는 저분자의 에폭시수지나 폴리아민이 필요하기 때문에 이러한 수지계에서의 내수성 및 방석성 확보가 장래 과제이다.

③ 선저용 방오도료

선저부에는 방식용 밑칠도료와 방오용 상칠도료가 도장되어 있다. 방식용 밑칠도료는 타르에폭시수지계 도료나 염화고

무수지계 도료가 사용된다.

한편, 방오 도료의 방오 성능은 선박의 스피드와 연비(燃費)에 직접 영향을 미칠 수 있기 때문에 선박용 도료 중에서도 가장 중요시되는 도료이다. 해안의 바위 위나 암벽의 로프 등에 해조류가 부착하듯이, 선박의 선저와 교량 등, 바닷물과 접하는 부위에도 같은 절족동물이나 해조 등의 해양생물이 부착한다. 선저에 이와 같은 생물이 부착하면 선저와 바닷물 사이에 저항이 발생하여 속도가 떨어지고, 결과적으로 연비의 증가로 이어진다.

또, 교량의 교각에 부착되면 미관이 회손될 뿐만 아니라 부식을 야기하기도 한다. 따라서 이들 부위에는 생물 부착을 방지하기 위해 방오도료로 호칭되는 도료가 도장된다.

방오도료로는 바닷물에 분해·용해되지 않는 염화고무나 염화비닐수지 등이 천연수지의 로진과 혼합되어 사용되어 왔다. 1970년대 후반에 유기주석 아크릴수지가 개발된 후 생물 부착 방지라는 특수한 기능이 요구되는 분야를 대상으로 수지 개발이 활발하게 추진되어 현재에 이르렀다. 이하 현재까지 개발된 생물 부착방지 도료용 수지에 대하여 기술하겠다.

(4) 생물 부착방지 도료용 수지

① 유기주석형 아크릴수지

아크릴수지의 곁사슬에 방오제인 유기주석을 화학결합한 유기주석 아크릴수지는 약한 알칼리성(pH 8.2 정도)의 바닷물 속에서 서서히 가수분해되어 유기주석 화합물이 약간씩 방출되며, 이 과정에서 우수한 방오성을 보인다(그림 2-23).

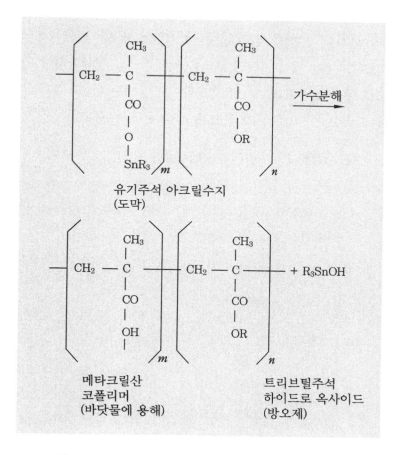

그림 2-23 유기주석 아크릴수지의 바닷물 속에서의 용해 구조

한편, 가수분해된 아크릴수지는 친수성이 증가하여 서서히 바닷물 속으로 용출된다. 이와 같이 유기주석 아크릴수지를

베이스로 하는 방오도료는 바닷물 속에서 가수분해를 받은 후
에 선박이 운항됨에 따라 물의 흐름 등으로 표면이 연마되기
때문에 자기 연마형 방오도료로 불리고 있다.

이 자기 연마형 방오도료는 장기간에 걸쳐 생물의 부착을
방지할 뿐만 아니라 선저 표면을 적극적으로 평활화하여 연료
소모량을 절감한다. 또, 유효도막이 잔존하는 한 그 효과가 지
속되므로 전 세계의 거의 모든 선박에 도장된다.

★ 유기주석 아크릴수지의 합성방법 ★

① 유기주석 화합물과 메타크릴산(MAA)을 사전에 반응시킨
  모노머(TBTM)를 합성한 후에 다른 모노머와 공중합하여
  형성하는 방법(그림 2-24)

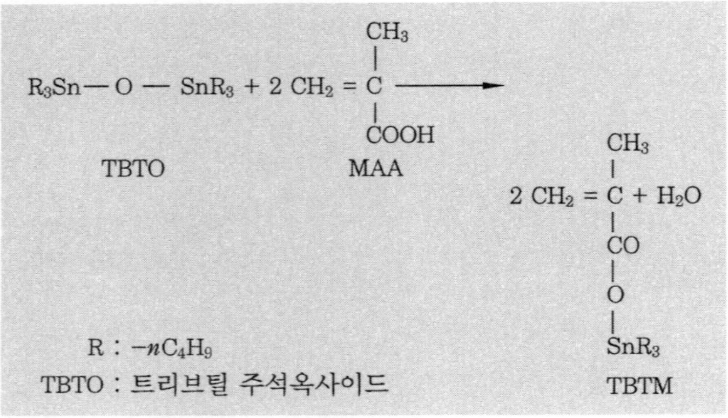

$$R_3Sn — O — SnR_3 + 2\ CH_2 = \underset{\underset{COOH}{|}}{\overset{\overset{CH_3}{|}}{C}} \longrightarrow$$

TBTO   MAA

$$2\ CH_2 = \underset{\underset{\underset{\underset{SnR_3}{|}}{O}}{\overset{|}{\underset{CO}{|}}}}{\overset{\overset{CH_3}{|}}{C}} + H_2O$$

R : $-nC_4H_9$
TBTO : 트리브틸 주석옥사이드   TBTM

그림 2-24 메타크릴산의 유기주석 에스테르 합성

② 높은 산가의 수지를 합성한 후에 유기주석기를 도입하는
  방법이 개발되었다.

합성이 비교적 용이할 뿐만 아니라 안정된 수지 품질을 얻기 쉬우므로 ①의 방법이 일반적이고, 공업적으로는 대부분 이 방법으로 제조되고 있다(그림 2-25).

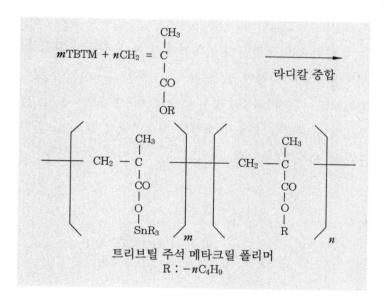

그림 2-25 유기주석 아크릴수지의 합성 예

유기주석 아크릴수지가 바닷물 속으로 용출되는 양은 수지 중의 TBTM양, 공중합 모노머의 종류, 수지의 분자량, 도료화 때의 안료종 및 가소제 종류에 따라 조정되고 있다.

이와 같은 방법으로 바닷물 속으로 용출되는 양을 조정함으로써 부착생물이 많은 연안과 영양원이 빈약하기 때문에 부착생물이 거의 없는 외양(外洋) 등, 운항하는 해역에 부합되는 도막 소모도 설계를 할 수 있다.

② 구리아크릴수지

유기주석 아크릴수지를 베이스로 한 방오도료는 장기 방오, 선체 표면의 거칠기 저하에 따른 연비 절감을 목적으로 급속하게 보급되었으나 1980년대부터는 각국에서 유기주석 화합물에 의한 해양오염이 현실화됨에 따라 유기주석 화합물을 대체하면서도 안전성이 높은 재료의 개발이 추진되어 왔다. 그 중에서도 구리아크릴수지는 무기동을 아크릴수지의 측차에 도입하여 바닷물 속에서 적절한 해수분해를 받도록 설계된 가수분해 수지이다 (그림 2-26).

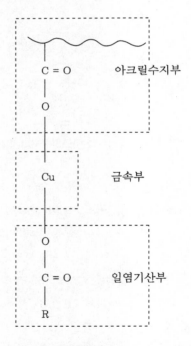

그림 2-26 구리아크릴수지의 모델 구조

이 구리아크릴수지는 아크릴부, 금속부, 일염기산부의 세 부분으로 구성되어 있으며 각각 독립적으로 설계할 수도 있다. 따라서 이 아크릴수지의 도막 용출도와 경도(硬度)는 이들 세 부분을 변화시킴으로써 조정할 수 있다.

예를 들면, 도막의 용출량은 그림 2-27, 표 2-6과 같이 구리의 함유량과 사용하는 일염기산의 종류에 따라 변화시킬 수 있다.

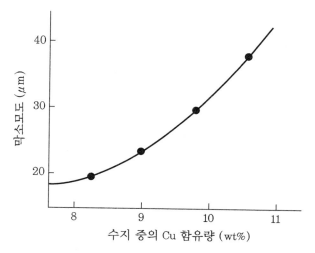

그림 2-27 수지 중의 CU 함유량과 막 소모도

표 2-6 일염기산의 종류와 도막 소모도

R	막 소모도/μm
$- C_7H_{11}CH = CHC_8H_{17}$	52
$- CH(C_2H_5)(C_1H_3)$	35
$- C(CH_3)_3$	8

2-4 알루미늄 건재용 소염도료

알루미늄 제품은 그 경량성, 가공의 용이성, 양호한 내식성 등의 이유로 건축재료, 특히 빌딩이나 주택 등의 창틀, 도어, 외장 패널 등에 대량으로 이용되어 왔다. 이러한 알루미늄제 건축재료 (알루미늄 건재)는 그 내식성을 더욱 향상시키기 위해 알루마이트 처리를 한 위에 도장을 하는 것이 예사였다.

표 2-7 광택 지우기 방법의 비교 (1)

방법명	후처리법	왁스법
방법의 특징	• 산성액으로 후처리 • 도막 표면의 겔화로 도막표면에 요철 (凹凸) 형성	• 비상용성 왁스의 혼합 • 스토빙 때에 비상용의 혼탁 • 스토빙 때에 왁스가 휘산하여 도막 표면에 요철이 형성 (도막 표면에 무수한 구멍)
단면의 추정도	도막 알루마이트	도막 알루마이트
장점	• 일욕으로 고광택에서 저광택까지 처리가 가능	• 바탕 은폐성이 높다.
단점	• 광택의 얼룩 • 재현성 불량	• 광택의 얼룩 • 왁스가 석유 • 왁스로 인한 스토빙로의 오염 및 화재

표 2-7 광택 지우기 방법의 비교 (2)

방법명	수지법 (2성분계)	수지법 (1성분계)
방법의 특징	• 유기계 미소젤 입자의 배합 • 젤입자에 의한 바탕의 은폐와 도막 표면에 요철이 형성	• 분산입자 내 가교한 도료 • 스토빙 때에 고도로 가교하여 도막 표면에 요철이 형성 • 멜라민의 비상용 분리
단면의 추정도		
장점	• 교반 중에는 침강이 적다. • 바탕 은폐성이 높다.	• 도막 성능이 뛰어나다. • 미세한 평활성이 있는 외관 • 광택균일성 • 보급 작업성이 양호
단점	• 광택의 얼룩 • 2액형의 작업성	

이 알루미늄 건재용 도장은 낮은 광택의 윤기를 지우기 위한 도장 (60도 그로스로 10~30)이 급속하게 늘어남에 따라 장래에 고광택 클리어를 추월하여 광택지우기 도장이 주류를 이룰 것이라는 예상도 있다.

표 2-7은 도막의 광택을 지우는 기법을 예로 든 것인데 도막 표면에 미세한 요철을 만들어 빛을 난반사시키는 원리를 통해 광택을 지우고 있다. 이하 각 기법의 특징을 간단하게 설명하겠다.

(1) 후처리법

고광택 클리어를 도장한 후 유기산이나 무기산 용액에 담구어 도막 표면에 요철을 형성시킨 후 도막 표면을 가교시키는 방법이다. 이 방법은 광택지우기 도장 개발의 초기 단계에서 실시된 방법인데, 산성용액에 의한 후처리로 광택을 자유롭게 조정할 수 있지만 다른 한편, 균일한 외관을 얻지 못하거나 도장성능이 떨어지는 사례가 있어 오늘날에는 거의 사용되지 않는다.

(2) 왁스법

보통 고광택 클리어 속에 폴리에틸렌 왁스 등의 왁스를 분산시켜 전착도장한 후에 스토빙하면 스토빙 초기에 왁스 일부가 도막 표면에 옮겨진 후, 그 일부가 기화하여 도막 표면에 요철을 형성한다.

또, 도막 내부에는 왁스가 잔류하여 비상용상태를 만들어내기 때문에 은폐성이 높은 도막을 얻을 수 있다. 그러나 도료욕 중에 왁스가 부유하거나 기화한 왁스로 인한 스토빙로의 오염, 튀김의 발생 및 인화의 위험 등으로 사용량이 감소하였다.

(3) 2성분계 수지법

고광택 클리어에 입자를 배합하여 전착도장함으로써 도막 표면에 요철을 형성시키는 방법인데, 입자로서는 무기계 안료 또는 아크릴계 중합체의 미소 겔입자 등이 사용되고 있다. 이 방법은 도료의 균일성이 높고 또한 은폐성이 높은 도막이 얻어지지만 다른 한편에서는 광택의 얼룩이 발생하기 쉽다는 보고도 있다.

(4) 1성분계 수지법

이 광택지우기 도료는 아크릴수지 및 경화제인 멜라민수지를 물분산하여 아크릴수지에 배합한 알콕시실릴기 함유 모노머와 도료에 배합한 알루미늄키레이트 화합물(그림 2-28)로, 열 플로를 억제하면서 180℃에서 30분간 스토빙함으로써 도막 표면에 요철을 형성시키는 방법이다.

이 방법으로 얻어진 도막은 전체적으로 균일한 광택을 가지며 양호한 바탕 은폐성에 기초하여 마무리 외관이 뛰어나다. 현재는 이 방법에 의한 도장이 급속도로 보급되어 알루미늄 건재용 광택 지우기 전착도료의 주역이 되고 있으나 다시 다이마크(die mark) 은폐성과 내찰상성 향상 등을 목표로 연구개발이 이어지고 있다.

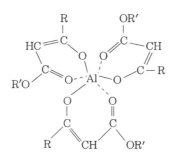

그림 2-28 알루미늄 키레이트

2-5 특징이 있는 도료들

(1) 대전방지 도료

플라스틱 등의 비도전성 물질 표면의 정전기 발생 방지와 먼지 부착 방지를 목적으로 사용된다. 도료로는 카본블랙, 금속 등의 도전성 필러를 분신시킨 것과 계면활성제를 첨가한 것이 있다.

(2) 통전성 도료

전자부품의 접속이나 전극, 회로의 통전부분에 사용되는 금, 은분말 등의 필러를 함유하는 금속에 버금가는 도전성을 갖는 도료이다. 이것은 도료라고 하기보다 전자부품의 일종이라 생각할 수도 있다.

(3) 자성 도료

피도물에 도포함으로써 자성을 갖는 도막을 형성하여 자기 기록 재료가 된다. 주된 용도는 자기 테이프와 자기 카드이다. 산화철, 코발트 함유 산화철 바륨 페라이트 등의 침상(針狀) 미립분을 필러로 사용한다. 그림 2-29는 이의 보자력(保磁力)을 도시한 것이다.

자기카드용에는 외부 자계에 의한 소자(消磁)를 방지하기 위해 높은 보자력의 바륨 페라이트가 사용된다. 도장 직후에

직류의 강자기장을 통과시켜 자성체의 배향에 다른 기록특성
을 향상시키고 있다.

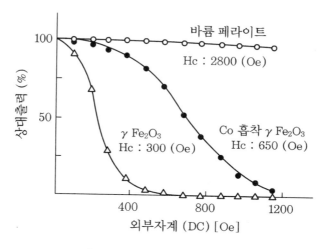

그림 2-29 각종 자기매체의 소자특성

(4) 형광도료

오래 전부터 존재한 도료인데 자외선(UV) 및 가시광선으
로 형광을 발생시켜 광휘성(光輝性)의 선명한 색을 낸다. 공
고, 선전, 장식, 안전을 위한 마킹, 취미용품 등에 광범위하
게 사용되고 있다.

도료 중에는 형광성 유기안료(형광성 염료로 염색된 수지
분말)가 포함되어 있으며, 도막으로부터의 빛의 반사성분과
안료에서 발광하는 형광성분이 있어 광휘성이 뛰어나다.

(5) 축광도료

형광도료는 자외선 및 가시광선이 조사되고 있을 때만 발광하지만 이 축광도료는 소등한 후에도 선명하게 발광한다. 무기화합물을 축광제로 사용하지만 독성에 문제가 있으므로 발광색의 종류가 적은 편이다.

(6) 재귀 반사도료

야간이나 비가 오는 날 자동차 전조등에 잘 반사되도록 설계되며, 도로 표지, 표시등과 같이 교통 안전 관련 물품에도 사용되고 있다. 미소한 유리비즈의 재귀 반사성(빛이 유리비즈에 굴절, 반사되어 다시 광원방향으로 돌아오는 성질)을 이용한 도료이다. 형광안료가 갖는 높은 광휘성을 병용한 것도 있다.

(7) 태양광 선택흡수 도료

태양광 파장영역(0.3~2.5미터)에서는 흡수율이 크고 적외선 파장영역(3.0 m 이상)에서 반사율이 작은 도막이며, 태양에너지의 집열기 등에 사용되고 있다. 아크릴수지 등의 투명도가 높은 바니스에 반도체 안료를 분산시킨 것을 알루미늄, 구리, 니켈, 스테인리스 등 적외선 반사율이 높은 금속 또는 이들 금속을 증착한 플라스틱 표면에 엷게 칠한다.

(8) 광파이버 피복용 도료

광통신 시대를 맞아 각광을 받기 시작한 도료이다. 광파이

버의 보호, 수속(收束), 식별을 위해 도장된다. 도장스피드를 향상시키기 위해 자외선 경화 도료가 사용된다.

(9) 시온(示溫) 도료

특정한 온도에서 변색하는 도료인데, 가역적인 것과 불가역적인 것이 있다. 피도물의 온도측정, 표시, 취미상품 등에 사용된다.

불가역적인 것은 금속 산화물, 염화물 등을 사용하여 만든 40~400℃의 것을 말한다.

가역적인 것은 결정계(結晶系)의 전이 등에 의한 것인데 종류가 많다. 콜레스테릭 액정 및 전자 공여성의 정색성 유기화합물과 페놀성 수산기를 갖는 화합물이 100℃ 이하의 온도 아래에서 전자부품 등에 사용되고 있다. 응답속도는 매우 양호하지만 내열성, 내후성에는 문제가 있다.

(10) 난연성 도료

화재 때의 착화, 연소를 억제하는 것으로 방화도료라고도 한다. 발포형과 비발포형이 있다. 발포형은 방화약제로 폴리인산 암모늄을 사용하며 고온 때는 본래 막 두께의 약 10배의 스폰지상 단열성층이 되어 화재를 차단함과 동시에 화염의 확대를 막는다.

비발포형은 할로겐으로 난연화한 수지에 소화성 가스를 발생하는 삼산화 안티몬을 첨가한 것과 무기질의 불연화 재질을 사용한 것이 있다.

(11) 윤활도료

마모저항을 떨어뜨리기 위해 사용된다. 단기간에 높은 윤활
성이 요구되는 금속의 냉간 소성가공용 및 장기간의 윤활성과
방식성이 동시에 요구되는 장치의 작동부용으로 사용된다. 흑
연, 이산화 몰리브덴, 플루오르 화합물 등의 고체 윤활제를 분
산시킨 것, 플루오르수지 등이 사용된다.

(12) 결로방지 도료

기온차로 인하여 발생하는 결로를 방지하여 작업환경의 불
쾌감, 곰팡이, 녹의 발생을 막는다. 건물의 천장, 지붕 뒤, 지
하실, 공조덕트, 스프링클러의 배관 등에 사용된다.

규조토, 베이클라이트, 탄산칼슘 등의 필러를 함유하고 있
으며 도막은 다공질, 흡습성 구조를 가지고 있다. 막 두께가
두꺼울수록 결로방지 효율이 크므로 목적에 맞추어 막 두께가
결정된다. 막 두께가 두꺼운 경우에는 단열성, 제진성(制振性)
도 기대할 수 있다.

새로운 재료로서 유기·무기 복합체의 친수성 박막이 사용
되기도 한다. 룸 에어컨의 경우, 냉각 시 응축으로 인한 알루
미늄 판재의 부식, 결로에 다른 소음발생 등이 문제가 되고 있
어 판재의 결로 방지를 위해 사용된다.

(13) 통기 방수 도료

결로방지 도료가 발전한 것으로, 투습성(透濕性)과 방수성이 있으며 주로 건축용에 사용된다. 에너지 절약형 주택은 기밀성이 좋으므로 실내 및 구조재 내부에서 결로되기 쉽고 곰팡이가 발생하기 쉽다. 또, 한랭지에서 치밀한 도막으로 외장재를 둘러싸면 겨울철에 외벽 기재(基材)의 함수량이 많아져 동해(凍害)를 입기 쉽다. 이러한 문제들을 해결하기 위해 개발된 것이 통기 방수도료이다.

실리콘과 아크릴수지의 하이브리드이고, 전자는 투습성, 후자는 방수성 역할을 한다. 유사한 것으로는 침투성 흡수방지제가 있다. 이것은 콘크리트, 모르타르, 플라스터 등의 표면에 침투시켜 통기성을 유지하면서 방수성을 부여하는 처리제이다. 주로 실리콘계 수지가 사용된다.

(14) 첩지(貼紙) 방지 도료

전신주는 물론 육교와 담벼락 등 어느 곳이나 틈만 있으면 광고지가 붙어있어 도시의 미관을 어지럽히고 있다. 이 도료는 광고지를 붙여 놓아도 단시간에 자연 벗겨지므로 미관의 훼손을 방지할 수 있다. 예를 들면, 밑칠한 위에 글라스 비즈가 들어간 요철(凹凸)이 있는 중칠을 도장하고, 그 위에 슬립제를 다량으로 넣은 상칠 도료를 도장한 것이다. 표면에 나타나는 요철로 인해 광고지와의 접촉 면적이 작아질 뿐만 아니라, 슬립에 의해 표면 에너지가 작기 때문에 종이를 붙여도 자중으로 벗겨진다. 산간에 건립된 송전탑에 도포하면 뱀이 올라갈 수 없으므로 송전선의 쇼트사고를 막을 수 있다.

(15) 방오도료

쾌적한 생활환경을 위해 도막이 더러워지지 않게 하는 것도 사회적 요구의 하나이다. 내오염성뿐만 아니라 더러워지더라도 그 더러움이 씻겨나가는 도료가 요구되는 것도 그 때문이다.

최근 특히 도시환경에서 오손이 심하며, 자연환경의 무기계 오손과는 달리 자동차 배기가스에 의한 친유성 성분이 농후한 것이 특징이다. 이러한 오손 제거대책의 하나로 도막의 표면에너지 제어기술이 응용되고 있다. 오손 대책용으로 제어된 친수성 표면은 건조 상태에서는 오물이 부착되지만 물에 젖기 쉬우므로 비가 오면 오물이 말끔하게 제거된다.

(16) 양조 (養藻)용 도료

해조의 생성을 촉진하는 도료인데, 방오도료와는 반대로 생물을 선호하는 것, 즉 해조용 양분을 용출시키는 도료이다. 도막에서 용출되는 양분은 미량이지만 도막의 바로 근방에서는 양분이 충족되고 있으므로 해조의 치유체(稚幼體) 생육촉진에는 효과가 있다. 현재는 식용 해조류의 양식에 사용되고 있으며 어초에 대한 이용도 검토되고 있다.

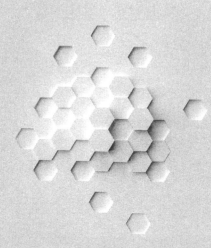

3장
코팅의 현재, 미래

코팅의 현재, 미래

3-1 환경문제의 현실

산업혁명 이후 짧은 기간에 지구환경은 급속한 변화의 길을 걸어왔다. 그리고 앞으로도 환경문제는 산업발전과 인류의 사활을 좌우할 중요한 요소이다.

"왜 환경부하가 적은 제품 개발과 사업활동을 하지 않으면 안 되는가?"를 사업 당사자와 기술자 모두가 한 사람, 한 사람, 근본적으로 이해하고 대처해 나가야 할 것이다. 그러자면 우선 현재의 지구환경이 어떠한 상황에 놓여 있는가를 이해하는 데서부터 출발하는 것이 적절할 것 같다.

환경문제에는 지구적 규모로 발생하는 지구 환경문제와 다른 지역에는 별로 영향을 미치지 않는 지역 한정형 환경문제가 있다.

(1) 지구 환경문제

① 지구온난화

화석연료의 사용, 열대우림의 감소로 인하여 대기 중에 이산화탄소 등의 농도가 상승함으로써 지구적 규모로 온도가 높아지고, 그로 인하여 해면의 상승, 기후변화가 발생한다.

② 오존층 파괴

프레온가스에 의해서 오존층이 파괴되고, 오존에 의해서 차단되었던 유해 자외선이 직접 지표로 쏟아져 피부암 등이 증가하고 있다.

③ 산성비

황산화물 (SO_x)과 질소산화물 (NO_x)이 대기 중에 방출됨으로써 비가 산성화하여 산림의 파괴, 어패류의 사멸, 문화재·건조물에 피해를 초래한다.

④ 유해 폐기물의 월경 이동

⑤ 삼림 감소

열대우림의 화전화, 농목지로의 전환

⑥ 사막화

매년 우리나라 제주도 면적의 몇십 배에 이르는 땅이 새로 사막화될 것으로 예상된다.

⑦ 야생 생물종의 감소

생식환경의 파괴, 남획으로 21세기에 들어서기 전에 50 ~ 100만 종의 야생 생물이 멸종할 것이라는 예측도 있다.

(2) 지역 한정형 환경문제

① 산업공해

대기오염, 수질오염, 토양오염, 산업폐기물 오염, 환경오염, 기타 (소음 등)

② 도시 생활형 공해

폐기물, 배수 등을 들 수 있다. 이 중에서 코팅과 관련되는 환경문제로는, 도장 때 유해 화학물질의 방출, 수질오염 및 피도장물의 폐기에 따르는 도막 중의 중금속 방출을 들 수 있다.

유해물질의 방출과 관련하여 지금은 거의 세계 모든 나라들이 다음과 같은 각종 규제를 실시하고 있다.

3-2 유기물질 규제의 현실과 동향

(1) 유해물질의 배출과 규제

환경에 대한 유해물질의 배출에는 보통 대기, 물, 토양의 3가지 경로를 생각할 수 있다. 이와 같은 경로에 대해서는 나라마다 대기오염 방지법, 수질오염 방지법, 토양오염 방지법, 폐기물 처리법 등을 제정하여 환경기준과 규제기준을 설정하고 있다.

유해물질 규제에 있어서는 종전의 대기오염 물질에 추가하여 유해 대기오염 물질이 문제가 되기도 하였다. 수질과 관련해서는 유해물질의 추가(8물질에서 23물질로)와 납, 비소의 규제기준이 강화되고, 또 규제 감시항목에 새로 25물질이 지정되었으며 금후의 동향에 따라서는 유해물 규제 대상이 될 것으로 전망된다. 또, 토양오염에 관해서도 수질과 마찬가지로 환경기준이 설정되었다 (표 3-1).

표 3-1 독일의 대기정화관리 기술지침, TA · LUFT 규제 값

건조로	50 mg/m^3
도료미스트	3 mg/m^3
포장 솔리드	60 mg/m^3
도장 메탈릭	120 mg/m^3

(2) VOC 규제의 동향

UN 유럽경제위원회(ECE) 의정서(1991년 유럽 및 북미지역을 포함)는 VOC의 방출로 발생하는 광화학 옥시던트 오염을 방지하기 위해 체결되었다. 이 의정서에서의 삭감목표는 2000년까지 VOC 배출량 30퍼센트 삭감과 1980년 배출량을 기준(나라마다 상이)으로 하였다.

한편, 미국 (대기정화법, CAA)에서는 1996년까지 VOC 배출량을 15퍼센트 삭감하고, 이후에 매년 3퍼센트씩 삭감해 나가기로 하였다. 또 독일(대기정화관리 기술지침, TA · LUFT)에서는 예컨대 자동차 도장의 경우 표 3-2와 같은 규제값을 정하고, 일본에서는 대기오염 방지법에 의한 규제에 VOC에 관한

규제는 없지만, 광화학 옥시던트의 환경기준 달성을 위해 일본 환경청은 탄화수소류의 배출억제 대책을 추진하고 있다.

표 3-2 수질관계 유해물질 (23종)

유해물질	환경기준값 (mg/L)	배수기준값 (mg/L)
카드뮴 및 그 화합물	0.01	0.1
전 시안	불검출	1
납 및 그 화합물	0.01	0.1
6가크롬 화합물	0.05	0.5
비소 및 그 화합물	0.01	0.1
총 수은	0.0005	0.005
알킬수은화합물	불검출	불검출
PCB	불검출	0.003
트리클로로에틸렌	0.03	0.3
테트라클로로에틸렌	0.01	0.1
사염화탄소	0.002	0.02
디클로로에탄	0.02	0.2
1.2-디클로로에탄	0.004	0.04
1.1.1-트리클로로에탄	1	3
1.1.2-트리클로로에탄	0.006	0.06
1.1-디클로로에틸렌	0.02	0.2
시스-1.2-디클로로에틸렌	0.04	0.4
1.3-디클로로프로펜	0.002	0.02
티라늄	0.006	0.06
시마딘	0.003	0.03
티오벤카르브	0.02	0.2
벤젠	0.01	0.1
셀렌	0.01	0.1

그리고 악취방지법에 의한 규제에서는 톨루엔, 크실렌 등, 여러 종류의 유기용제 외에 아세트산에틸, 메틸이소부틸케톤, 이소부탄올이 추가 지정물질이 되었다.

또 부지 경계선 농도규제와 배출구 농도도 규제하고 있으며, 농도규제를 보완하기 위해 취기(냄새)의 취각측정법도 도입되었다.

(3) 유해 대기오염물질 규제의 동향

몇 년 새 대기 중에 상당한 양의 각종 유해물질(미세먼지나 황사 등)이 검출되면서, 그것을 장기간 호흡하게 되면 건강에 큰 영향을 미치는 점을 걱정하지 않을 수 없게 되었다. 화학물질이 건강에 미치는 영향에 관해서는 일반적으로 미국이나 유럽 등 선진국에서는 일찍부터 관심이 높았으나 개발도상국에서는 대응이 늦은 편이었다.

미국은 대기정화법(CAA)의 개정(1990년)으로 189종의 유해 대기오염물질을 규제하고 있다. 또 대규모의 발생원(1물질을 1년에 10톤 이상 배출하거나 또는 복수의 유해 대기오염물질을 1년에 25톤 이상 배출하는)마다 최대한 실시 가능한 오염방지기술(MACT)의 기준을 작성하도록 되어 있다.

한편 독일에서는 연방배출규제법(TA·Luft)에 의해 154종의 유해 대기오염물질이 규제대상으로 규정되었다. 대기 환경기준의 설정물질(건강보호 8물질, 생태계보호 5물질, 발암성 7물질)에 대해서는 주변 환경에서 대기환경기준을 지킬 필요가 있다.

네덜란드에서는 배출규제 가이드라인에 따라 202종의 유해 대기오염 물질에 대해서는 배출기준을 설정하고 있으며, 발암물질에 대해서는 생애 리스크에서 최대 허용한도를 설정하여 그 100분의 1 농도를 목표 값으로 하고 경제성과 실현 가능성을 고려하여 한계 값, 지침 값이 설정되었다.

표 3-3 일본의 대기관계 환경기준

SO_x	0.04 ppm
CO	10 ppm
부유 입자상 물질	$0.1 \, mg/m^3$
NO_2	0.02 ppm
광화학 옥시던트	0.06 ppm

3-3 수성도료의 동향

지구의 환경문제를 해결하기 위한 하나의 대책으로 수성도료를 사용한다면 그 효과는 표 3-4와 같이 기대할 수 있다. 즉, 첫째는 대기 중에 유기용제의 배출을 억제하는 것인데, 이는 유기용제 대신 물을 사용함으로써 달성할 수 있다.

전술한 바와 같이 각국의 배출규제는 주로 자동차 생산 공장에 대하여 실시되어 왔다. 초기에는 도료 중의 유기용제량(VOC값)으로 규제하는 미국 방식이 주류를 이루었으나 점차 생산하는 자동차 1대당의 배출량을 규제하는 독일 방식의 대당 규제(臺當規制)로 전환되었고, 더 나아가 공장당 총배출량으로 규제하는 총량 규제방식으로 진행되었다.

표 3-4 수성도료 사용효과

수성도료의 효과	구체적인 대응
대기오염 방지	VOC규제(TA · LUFT법)
배출물 감소	도료 슬러지레스 기술, 처리 기술
작업환경 개선	악취제거 기술
자원보호	유기용제 배제 기술
수질 보전	처리기술, 재활용 도장 기술

두 번째 기대는, 악취방지와 작업환경 개선 혹은 화재방지 등, 지역 주민과 도장작업 종사자에 대한 안전 위생 면 개선이다.

세 번째 기대는, 유한한 지구자원의 보호이다. 원래 도료를 구성하는 성분 중에 유기용제는 도막을 피도물 표면에 전개하기 위한 목적에서만 사용되고, 도막형성 후에는 대기 중에 방출되는 존재였다. 따라서 석유자원으로 만들어진 유기용제는 도막기능에 대하여서는 아무런 기여도 없이 석유자원만 낭비하는 존재였다. 이에 대한 가장 유력한 해결수단으로 제기된 것은 유기용제 대신에 물을 사용하는 도료의 수성화(水性化)이다.

네 번째 기대는, 수질 보전에 대한 효과이다. 공업도장에서는 많은 양의 물을 사용한 수성도료 부스에서 도장이 실시되고 있다. 이 방법에서는 종전 용제형 도료를 도장할 때 칠하지 못했던 도료 슬러지는 분해 제거 후 소각하거나 매립하여 폐기하는 것이 대부분이었다. 하지만 수성도료는 물에 용해되기 때문에 수세수를 그대로 폐기하면 하천 등의 오염 원인이 된다.

따라서 수성도료를 사용하는 경우에는 도장에 사용한 물이 공장 밖으로 배출되지 않도록 도장라인을 설계할 필요가 있다. 이 구상을 진전시킨 것이 후술하는 수성 리사이클 도장시스템이다.

이하 수성도료가 사용되고 있는 다양한 분야를 소개하겠다.

(1) 전착도료

전착(電着)도료는 그 성립과 기능으로 건축 내장재와 더불어 가장 먼저 도입된 수성도료이다. 초기에는 말레인화유 등에 의해 도입한 카르복실기를 아민 등으로 중화한 음이온형이 주류를 이루었으나 현재는 내식성이 우수한 산 중화형의 양이온형이 자동차 용도에서 주류가 되었고, 음이온형은 주택용 섀시 등의 아크릴수지계 도료로 주로 사용되고 있다. 여기서는 자동차 밑칠용으로 사용되고 있는 양이온형 전착도료에 대한 동향을 주제로 기술하겠다.

현재 이 영역에서 화제가 되고 있는 항목에 대해서는 표

3-5에 묶어 정리하였는데, 그 첫째는 납, 크롬 등으로 대표되는 중금속의 감소이다. 원래 이들 중금속은 전착도료의 목적의 하나인 내식성 확보를 위해 사용되어 왔다. 하지만 배수로 인한 하천, 소호 등의 오염이 심각해짐에 따라 그 원인의 하나인 도료배수 중의 중금속에 착안하였고, 또 도막에 포함되는 중금속의 경구 오염으로 인한 피해를 막기 위해 유럽을 중심으로 납에 대한 법적 규제가 제기되었다.

표 3-5 전착 도장의 노림

전착 도장의 기대	개발목표	구체적인 대응
무해화	금속 프리화 (Pb, Sn, Cr)	수지에 의한 내식성 확보 무해 금속의 도입
자원절약	전온경화 가열 감량 삭감	경화제(이소시아나토)의 재검토 무해 금속 도입
작업환경 개선	취기의 경감 진의 경감	경화제의 재검토 부가 반응계 채용 최기용제의 폐지

한편, 자원 절약, 에너지 절약의 입장에서 경화계에 대한 재평가도 추진되었다. 이전부터 경화제로는 락탐(lactam) 등의 흔히 말하는 블록제와 반응시킨 이소시아나토(isocyanato) 화합물(블록 이소시아나토)이 사용되었다. 하지만 이들 경화제는 그 구조상 경화개시 농도가 높을 뿐만 아니라 반응 시 떨어져 나가는 블록제가 스토빙로 속에 진이 된 상태로 부착되어

도막 결함을 유발한다. 따라서 경화 반응온도의 저온화와 반응 부생성물의 감소를 목적으로 한 블록제와 이소시아나토종 쌍 방에 착안한 새로운 블록 이소시아나트 경화제가 검토되었다.

또 이소시아나토의 구조에 착안하여 스토빙 때의 해중합을 억제함으로써 가열 연료를 절약하여 진의 부착을 경감하는 작 업도 시도되었다.

이와 같이 전착도료에서는 다른 공업도장에 한발 앞서 안전 성 강화와 지구환경에 대한 대처가 추진되었고, 다른 한편에 서는 자원의 절약을 위해 피도물에 대한 도착(塗着)효율을 향 상시켜 도료의 소실도 가급적 억제하려는 시도도 병행되었다. 예를 들면, 중화제인 카르본산의 해리도(pKa)를 낮추면 도료 사용량을 10~40퍼센트 정도 개선할 수 있다.

(2) 자동차용 중상칠 도료

자동차 도장분야에서는 밑칠 도료로 전착도료의 수성화가 진행된 후, 평활성과 다색성 등을 비교적 필요로 하는 폴리에 스테르멜라민계 중칠 도료의 수성화가 추진되었다. 이 분야는 옛 서독의 오펠사 보쿰(Bochm) 공장에서 실시된 것이 단서가 되어 일본에서도 몇 개 실용 예가 있다(표 3-6 참조).

하지만 중칠 도장은 상칠 도료와 마찬가지로 도장설비와 그 요구 품질상 전착도장을 할 수 없어, 종전부터 널리 적용되어 온 스프레 도장이 시행되고 있다. 또 도장 관리 면에서도 용제 형 도료와 마찬가지로 성능 수준까지 이르지 못하여 널리 적

용되고 있는 상황은 아니다. 그러나 근자에 와서 후술하는 수
성 리사이클 도장 시스템과 조합하여 폐기물이 없는 도장시스
템이 실용화 단계에 이르러 독일에서는 자동차 도장라인에 도
입되기 시작하였다.

표 3-6 수성화의 상황

용도	수성화의 상황		앞으로의 전개	주요 수지계
중칠	수성화는 전착에 이어 일찍 독일 오펠, 일본 닛산, 유럽에서는 확대 중		수성 리사이클 시스템과의 조합으로 전개	폴리에스테르 멜라민분산계
상칠	베이스 코트	유럽에서는 정착, 북미, 호주에서는 수성화 촉진 중	확대, 정착 일본에서도 실용화	아크릴 멜라민 에멀션/수용성
	톱 클리어	실용화 추진	내산성의 부여가 과제, 경합계 (분체·하이솔리드)와의 대비	아크릴 멜라민계

메탈릭베이스 도료에 대해서는 유럽과 미국 등의 배출규제
실시와 더불어 우선 유럽과 미국계 자동차 회사에서 실용화된
후 여타 공장들에서 적용이 추진되었다.

메탈릭 베이스 도료는 중칠 도료와는 달리 도색도 많고 또
알루미늄과 마이카 등의 광휘제(光輝劑)도 다종다양하게 포함
되기 때문에 리사이클 도장 시스템에 적용하는 것은 불가능에
가깝다. 따라서 환경문제에 대해서는 다른 대응이 필요할 것

으로 생각된다.

톱클리어의 수성화에 대해서는, 이 분야가 도막 외관에 가장 크게 기여하는 만큼 고도의 평활성이 요구되므로 도장 설계상의 배리어가 높아 개발이 뒤로 미루어진 면이 있다. 그러나 그 후에 독일 오펠사의 아이제나흐(Eisenach) 공장에서 실용화되었다는 정보도 있다. 단, 현재 사용되고 있는 클리어 도료는 종래의 아크릴 멜라민계이므로 앞으로도 채용되기 위해서는 내산성을 고려한 비멜라민계의 새로운 경화계 도료의 개발이 중요하다.

(3) 공업용 도료

자동차 이외의 공업용 도료분야의 수성화(표 3-7)는 사무용 기기와 강제가구(鋼製家具), 중경전용(重輕電用) 혹은 자동차부품, 드럼통 등 오히려 자동차용보다 선행되고 있다.

그러나 현재 상태로서는 색깔의 수가 적고 비교적 높은 외관과 높은 도막성능을 필요로 하지 않는 영역이 주체이므로 디핑(dipping)이나 콘티뉴어 스코터(continuous coter), 프로코터(frowcoter)도장 등이 전착도장과 함께 실시되는 경우가 많다.

한편, 강제가구나 대형 건축기계 등 비교적 색깔의 수가 많고 외관이 중시되는 분야에서는 자동차의 중칠·상칠 도료와 마찬가지로 스프레이 도장을 하기 때문에 도장작업성의 확보 등이 공통된 과제이다.

표 3-7 자동차 이외의 수성화 상황

용 도	건조 조건	수성화 상황	주요 수지계
전기	스토빙	디핑으로 실용화	변성 알키드 분산계
사무기 강제가구	스토빙	스프레이로 실용화 (리사이클 시스템)	수용성 알키드
건설기계	상건 (常乾)	스프레이 콘티뉴어스 코터로 실용화	변성 알키드 분산계
식깡	스토빙	내면은 스프레이도장 외면은 롤 도장	아크릴 에폭시계 수용성 아크릴, 수용성 폴리에 스테르
강제구조물	강제건조	에어레스로 실용화	수용성 에폭시 에스테르
기타 공업용	스토빙	스프레이(드럼통)	수용성 알키드

또, 이 영역에서는 스토빙(Stoving) 도장공정을 채용할 수 없는 경우도 많아 상온 건조 혹은 강제 건조하여도 도막성능을 발휘하는 수성도료 개발이 요망된다. 따라서 현재는 밑칠과 내습성, 내수성, 내후성을 그다지 필요로 하지 않는 상칠에 사용되고 있는 데 불과하다.

본격적인 사용을 위해서는 마이켈 부가 옥사졸린(oxazolin)의 개환반응, 방향족 카르보디이미드의 이용 등 새로운 수성(水性) 상온 경화기술의 도입이 필요하다. 또, 알키드수지계에서 내가수분해성이 뛰어난 아크릴수지계로의 변경도 필요하게 될 가능성이 있다.

한편, PL법의 시행으로 환경 관련 규제가 진전됨에 따라

도료, 도장업계에서도 폐기물 줄이기가 과제가 되고 있다. 도장시스템을 발전시키기 위해서는 3R, 즉 Reduction (감소), Recycle (순환), Reclamation (재생)이 필요하다.

배수를 재생 이용하기 위해서는 CFS (Cycrone Frothing Separator) 방식 등이 검토되고 있으나 고형물(固形物)처리가 처리제의 비용과 더불어 앞으로의 검토 과제이다.

또 스프레이 더스트(spray dust)의 회수에 대해서도 부스 안의 흡착제에 흡수시켜 고형분을 분리하는 방법이 고려되고 있다. 한 걸음 더 나아가 고형분을 수지, 안료로 분리하는 것과, 수성도료의 스프레이 더스트를 회수하여 재도장하는 것도 검토되고 있다. 이 방법은 도료 그 자체를 재활용하는 것인데, 폐기물을 배출하지 않는 시스템으로서는 다른 기술에 비하여 월등하게 우수하다.

이 기술은 수성도료에만 적용할 수 있어, 수성도료의 큰 장점으로 평가받고 있다. 유럽에서는 강제 가구와 자동차 중칠 도장에서 실용되고 있다.

(4) 건축용 도료

건축용 도료는 크게 건축물 내부에 사용되는 내장용과 외부에 적용되는 외장용으로 나눌 수 있다. 이 중에서 내장용은 오래 전부터 에멀션 (emulsion) 도료가 사용되었으며 수성화는 거의 완성된 상황이다.

이 분야에서는 열가소성의 아세트산 비닐, 아크릴의 공중합형 에멀션이 광범위하게 사용되고 있다. 하지만 이 영역에서 는 근년 상온 경화형의 아크릴 에멀션이 관심을 모으고 있다.

이 유형의 도료는 가교성 작용기를 갖는 아크릴 에멀션과 물에 용해 또는 분산된 경화제를 조합한 것으로, 대표적인 것 으로는 카르보닐기 함유 에멀션과 히드라지드(hydrazide)계 경화제, 카르보닐기 함유 에폭시 수지와 옥사졸린계 경화제, 이소시아나토(isocyanato)기와 수산기 등이 있다. 또 최근 아 세토아세톡시기 등의 활성 메틸렌기와 아크릴로일기 등의 불 포화기 마이켈 부가반응을 이 분야에 이용하는 것도 고려되고 있다(그림 3-1).

이들 도막은 내수성, 내산성이 우수하기 때문에 이제까지 수 성도료로 도장할 수 없었던 장소, 예를 들면 소독약으로 벽을 닦는 병원이나 식품공장 등 새로운 시장에의 도입이 시도되고 있다.

외장용에 있어서는 성능상의 제약으로 현재에 이르기까지 용제형이 널리 사용되어 왔으나 최근 환경에 대한 대처와 냄 새를 경감하려는 관점에서 수선화 요구가 제기되었다. 이 분 야에서도 내장용과 같은 상온 경화계에 대한 검토가 진행되고 있다.

현재 보다 좋은 내후성, 내구성 향상을 목표로, 실리콘과 플루오르를 도입한 에멀션 수지의 개발이 진행되고 있다.

전자는 알콕시실란(alkoxysilane)을 중합한 에멀션 실라놀 기의 탈수 축합반응으로 상온 경화제 도막을 얻는 것으로, 고

도의 내후성뿐만 아니라 실리콘수지의 강인한 물성을 기대할
수 있다는 점에서 현재 가장 주목을 받는 분야이다.

형식	모델도	제어의 특징	대표 예		
			X	Y	기타
I	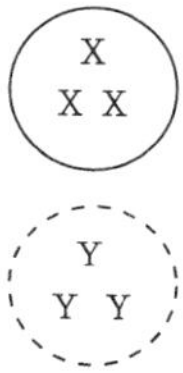 X X X	접촉으로 반응하는 2종의 작용기를 입자에 가두어 넣어 격리	$>C=O$	$NHNH_2$	
	Y Y Y	한쪽 만을 입자화하고 다른 쪽은 수용화하는 경우도 있다.	 △O	NH_2	
II	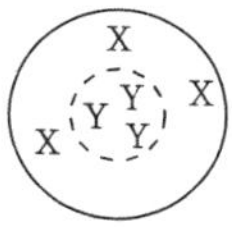 X Y Y X X X	입자의 안층과 바깥층 각각에 반응성기를 배치. 비교적 반응성이 낮은 작용기의 조합에 적용	COOH	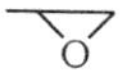 ▽O	
III	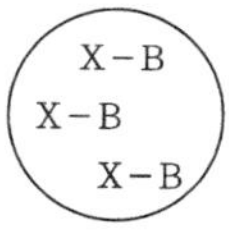 X–B X–B X–B	자기·가교성의 작용기를 블록화제로 불활성화하고, 다시 입자 안에 가두어 넣어 안전성을 확보	$Si(OH)_3$		B : OCH_3
IV	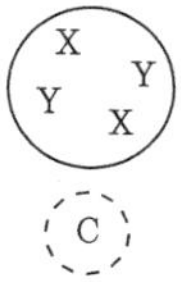 X Y Y X C	반응성기를 입자 안에, 반응 촉매를 수상 또는 별입자에 둔다.	$-OCCH_2CCH_3$ $\ \ \ \parallel\ \ \ \ \parallel$ $\ \ \ O\ \ \ \ \ O$	$-C-CH=CH_2$ $\ \parallel$ $\ O$	C : 염기

㈜ X : 반응성의 작용기　　　B : X를 보호하는 블록기
　　Y : X와 반응하는 작용기　　C : X와 Y의 반응을 촉진하는 촉매

그림 3-1 상온 가교의 대표적인 방법

한편, 후자에 대해서는 플루오르 함유 모노머를 공중합한 에멀션으로 보다 고도의 내후성을 기대할 수 있지만 플루오르 자체의 특성인 발수성 때문에 부착에 어려움이 있어, 전자에 비하여 일반화되기에는 아직 시간이 필요해 보인다.

또 경도와 내구성을 캐치프레이즈로 무기계 도료의 전개도 진행되고 있다. 수성도료의 고기능화는 이러한 동향과 대응하는 가운데 앞으로도 진행될 것으로 추정된다.

(5) 자동차 보수용 도료

이 분야에서는 신차용 도료에 부수하여 배출규제가 시작됨에 따라 수성화가 검토되고 있다. 표 3-8은 그중 가장 구체적인 미국 캘리포니아 주의 사례이다.

표 3-8 미국 캘리포니아 주 로스앤젤레스 시의 용제배출 기준 값

용 도	규제 값	주요 도료계
프라이머 서페이서	VOC≦2.1	수성1액/2액 용제형 2액
솔리드코트	VOC≦2.8	용제형 2액 (폴리우레탄)
클리어코트	VOC≦3.5	용제형 2액 (폴리우레탄)
	VOC≦2.1 (장래 목표값)	수성 2액 용제형 2액
베이스코트	VOC≦3.5	수성 1액

이와 같은 프라이머 서페이서(primer surfacer), 베이스코트, 클리어코트 및 솔리드칼라(solid collar) 각각에 대하여 구체적인 목표가 제시되어 있다. 또 유럽에서는 배출규제 계획이 구체화되어 있으며, 예를 들어 독일의 바덴뷔르템베르크 주에서는 전술한 로스앤젤레스 시의 규제 값을 채용했고, 또 네덜란드도 이와 유사한 규제가 실시될 공산이 크다.

이 영역은 예전부터 많은 전업 제조회사와 신차용을 대상으로 하는 종합 제조회사가 공존하고 있었으나 신차의 수성화와 연동한 형태로 메탈릭 베이스 도료의 수성화가 유럽과 미국의 종합 제조회사 주도로 진행되기 시작했다. 따라서 이들 제조회사는 신차용에서 익힌 기술을 투입하여 개발을 추진하고 있다. 말하자면 이 영역의 기술도 신차용 수성도료 기술과 비슷하게 변화하여 나갈 것으로 예상된다.

3-4 수성도료 리사이클 시스템과 그 도료

근년 모든 산업분야에서 환경보전에 대한 의식이 높아져 여러 각도에서 폐기물의 재이용이 검토되고 있다. 그중에서도 수성도료에 관해서는 자동차 상칠 베이스를 비롯하여 일반 공업분야에까지 실용화에 이르고 있다. 이들 수성도료의 경우는 대기 중에 휘산하는 유기용제량이 대폭 감소한다. 그러나 도장부스 안의 순환수에 섞여 들어가는, 피도물에 부착되지 못한 도장 더스트는 정기적인 폐기물 처리를 필요로 한다. 이에 대한 처리비용은 만만한 액수가 아니기 때문에 폐기물 재이용 측면과도 겸하여 수성도료 리사이클 시스템의 구축이 요망된다.

여기서는 부스 순환수 속에 섞여 들어간 도료 더스트를 한외여과막을 통해 도료와 여과액으로 분리하여 도료는 초기 도료와 마찬가지로, 또 여과액은 부스 순환수로 재이용할 수 있는 새로운 수성 도장의 클로즈드 시스템(closed system)에 대하여 소개하겠다.

(1) 공업도장 라인의 현상

도장 라인에서는 스프레이 등의 분무화 도장의 경우 상당한 양의 도료 더스트가 소각되기 때문에 이들 도료 더스트의 재이용이 적극적으로 검토되어, 도료 더스트에서 발생하는 폐기물을 패널용 보강제로 이용하는 예와 도료 더스트의 응집물을 유기용제에 용해하여 재이용함으로써 도료의 증량제로 이용하는 예가 보고되었다.

그러나 현재의 공업용 스프레이에 의한 도장라인에서는 대부분이 목적하는 도장물에 부착하지 않은 도료 더스트를 폐기물로 처리하고 있다.

(2) 수성도료의 리사이클 시스템

스프레이 등에 의한 분무화 도장의 경우, 도료 더스트를 도료 또는 도료의 원료로 재사용하려는 시도는 이미 이전부터 실시되어 왔다. 종래의 용제형 도료의 도료 더스트를 N-메틸 피롤리돈을 혼입한 부스 순환수 속에 포획한 후, 도료원료로 재생하는 사례도 보고되었지만 실용화는 미지수이다.

그림 3-2에 보인 바와 같이 도장 체임버 안에서 오버스프레이된 도료 더스트를 순환수를 사용하지 않고 그대로 포집하여 점도조정한 후 재이용하는 자이로매트방식이 많이 알려져 있다.

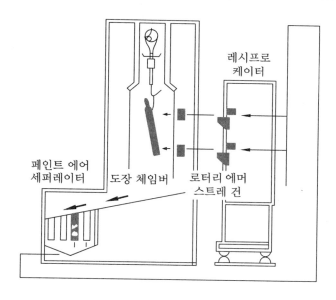

그림 3-2 도장 회수 재이용방법

그러나 이 시스템은 미도착 도료의 건조를 막고 회수효율을 향상시키기 때문에 가급적 도장부스를 밀폐하지 않으면 안 된다. 이 때문에 피도장물의 크기에 제한이 있고, 색깔 교체도

불가능하다는 결점이 있다.

　한편, 종래 일반적으로 사용되었던 부스 순환수를 이용한 방법에서는 이러한 문제가 발생하지 않지만, 부스 내 순환수 속에 포집된 도료의 희박 용액을 무슨 수단으로든 스프레이도장이 가능한 농도까지 농축하는 것이 필요하다. 그림 3-3은 이 부스 순환수를 사용한 리사이클 도장시스템의 예이다.

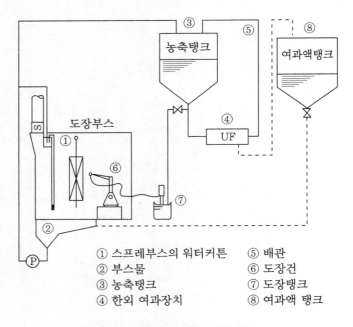

① 스프레부스의 워터커튼　⑤ 배관
② 부스물　　　　　　　　　⑥ 도장건
③ 농축탱크　　　　　　　　⑦ 도장탱크
④ 한외 여과장치　　　　　　⑧ 여과액 탱크

그림 3-3　리사이클 도장시스템의 플로차트

　수성도료는 처음에 도료관 ⑥에서 스프레이 도장되고 피도물에 부착되지 않은 도료는 모두 도장부스의 워터커튼 ①에 포집된다. 포집 더스트양이 증가하여 일정한 농도에 이른 부스 희박용액 ②는 탱크 ③을 경유하여 한외 여과장치 ④로 보내진다. 여기서 도료 희박용액은 여과액과 도료 (회수도료)로 분별된다. 여과액은 여과액 탱크 ⑦에 모아져 초기 도료와 마찬가지로 재사용된다.

이 시스템에서는 도료의 희박 용액을 어떤 방법으로든 도장이 가능한 농도까지 농축하는 것이 필요하다. 이들 희박용액을 농축하는 방법은 몇 가지 알려져 있으며 (표 3-9) 감압으로 휘발성분을 증발시키는 방법은 많은 비용을 필요로 한다.

표 3-9 희박 용액의 농축법

농축 방법	특징 · 문제점
한외 여과막을 사용한 농축	• 연속적으로 열 등의 부담 없이 농축이 가능 • 비교적 잘 알려진 기술이며 실용화되어 있다.
증발 농축	진공에서 열을 가해 농축하기 때문에 비용이 많이 든다.
전기 투석	도료의 안정성에 문제가 발생하여 실험단계에 있다.

여기서 격막을 사용하여 전기투석을 하는 방법이 검토되고 있지만 아직 실용화에는 이르지 못하고 있다. 그림 3-3에서 제시한 방법은 특별한 한외 여과막을 사용함으로써 효율적으로 희박 도료액을 목적하는 농도까지 농축하고 있다.

실제 도장라인에서 사용되는 한외 여과막의 수는 사용되는 도료의 양과 고착효율 및 부스 순환수의 용량 등에 따라 결정되고 있다. 이 시스템은 유럽을 중심으로 실용화되었다.

(3) 리사이클용 수성도료

일반 공업용 분야 및 자동차 분야에서는 이미 일부에서 수성도료가 실용화되어 사용되고 있다. 그러나 이들 수성도료를 그대로 리사이클 시스템에 적용하면 여러 가지 문제가 발생한다. 그러므로 도료를 설계할 때에는 종래의 수성도료에 필요했던 요건에 부가하여 리사이클 수성도료로서의 필요 조건을 충족시키는 조치가 불가결하다.

그 첫째 요건은, 수성도료의 도료 더스트가 다량의 부스 순환수 속에 들어가 무한 희석된 상태일지라도 안정적이어야 한다. 두 번째 요건은, 친수성의 보조 용제가 극단으로 적은 상태일지라도 안정되어야 한다. 즉, 부스 순환수 중의 희석 도료가 한외 여과막에 의해 농축될 때 보조 용제로서 일부 사용되고 있는 친수성 유기용제도 물과 함께 여과액 속에 제거되기 때문에 농축된 회수도료 속의 친수성 보조 유기용제량은 매우 적은 양에 불과하다.

따라서 리사이클 수성도료에서는 가급적 유기용제의 힘을 빌리지 않고 무한 희석상태에서 도장 가능한 농도까지 장기간 안정화되어야 한다.

일반적으로 도료가 수용액 속에서 보다 안정되기 위해서는 사용되는 수지가 친수성이어야 하는데, 이것은 가끔 도막의 내수성 저하를 초래하기도 한다. 따라서 이 시스템에서는 리사이클 과정의 안정성을 유지하면서 도막의 내수성을 만족시키는 것이 도료설계 때의 중요 과제이다.

또, 스토빙용 수성도료에는 비교적 친수성의 멜라민수지가 가교제로 사용되고 있다. 친수성의 멜라민수지는 일부가 한외여과막에 의해 제거되기 때문에 농축 후의 회수도료 중의 멜라민수지량이 감소하여 그대로는 도막성능이 떨어진다. 그래서 멜라민수지의 친수화도를 조정함으로써 리사이클 적성을 유지하는 것도 시도되고 있다.

또, 메인 수지의 합성법을 연구하여 수지 중의 저분자량 성분을 줄이고 내수성을 확보하려는 시도도 함께 추진되고 있다.

이상과 같이 수성 리사이클 시스템은 이제까지 소각되었던 도료를 회수하여 재사용하기 때문에 지구환경 보전과 자원 절약에 대한 요구에 십분 대응할 수 있는 시스템이라 평가할 수 있다.

3-5 VOC 규제와 분체 도료

미국에서의 EPA에 의한 Clean Act Air (CAA), 유럽에서의 TA-LUFT(독일), DRAFT-V (영국) 등의 VOC 규제법 실행은 용제형 도료의 분체(粉體) 도료로의 이행(移行)을 촉구하고 있다.

예를 들면, 1990년에 EPA가 제안한 CAA 개정에서는 자동차 도장공장에서의 VOC 규제값은 기존 설비에서 2.8 lb/gal, 신규 설비에서 2.3 lb/gal이다. 대표적인 도료의 VOC 배출량의 시산 결과를 그림 3-4에 보기로 들었다. 기존 및 신규 설비에서의 규제 값을 해결하려면 분체 또는 수성의 도입 혹은 도료 중의 용제를 더 많이 삭감하는 것이 필수적이다.

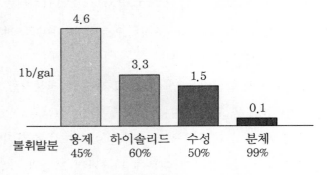

그림 3-4 각종 도료의 VOC 배출량

한편, TA-LUFT에서는 자동차용의 메탈릭, 솔리드 도료에서 VOC 규제값은 $60 \, g/m^2$이지만 EC안으로는 $35 \, g/m^2$가 목표값이고, 이것은 베이스코트가 수성, 클리어코트가 하이솔리드일 경우 겨우 달성 가능한 수치로서, 클리어코트의 수성화 또는 분체화가 필수이다.

(1) 성에너지, 성자원화와 분체도료

분체도료는 다른 도료와는 다른 제조방식으로 제조되고, 또 보다 고온에서 스토빙이 필요하므로 성에너지 관점에서는 우위성이 떨어지는 것으로 이해되지만 상세하게 에너지 비교를 하면 오히려 우위에 서는 것을 알 수 있다(그림 3-5).

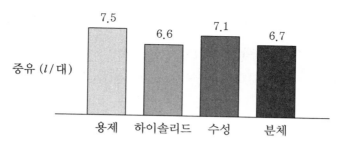

그림 3-5 각종 도료의 에너지 소비량

예를 들면, 자동차의 톱코트로 사용되는 아크릴 클리어에 관하여, 현행 용제형과 VOC규제 대응의 하이브리드 도료, 수도료 (불휘발분 50퍼센트) 및 분체도료 (150℃에서 20분간 스포빙) 하였을 때 원료 에너지, 도료제조 에너지, 도막화 에너지를 계산하면 그림 3-6과 같이 되어 하이솔리드형 도료와 스토빙 때의 휘산물이 발생하지 않는 분체도료가 유리한 것을 알 수 있다.

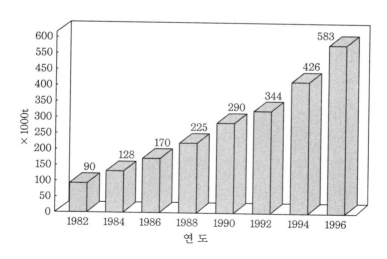

그림 3-6 세계의 연대별 분체도료 생산량

또, 분체도료는 용제형 도료 및 수성도료와 비교하여 회수 및 재이용이 용이하여 성자원형 도료라는 이점도 가지고 있다. 환경규제가 엄격함에 따라 분체도료의 생산량도 해마다 늘어나고 있다.

분체도료의 이와 같은 성장과 더불어 환경을 더욱 고려한 재료, 도료설계와 함께 성에너지, 성자원 측면에서 저온 경화형 분체도료와 박막형 분체도료도 개발이 진행되고 있다.

(2) 환경대응의 분체재료, 분체도료

새로운 분체도료의 도입은 환경보전에 크게 기여한다. 폴리에스테르 분체도료 경화반응으로 미국, 일본에서 일반적으로 사용되고 있는 블록 이소시아나토 경화계에서는 휘산한 블록제가 냄새와 진을 배출해 문제가 되었다.

유럽에서는 블록 이소시아나트 경화계 대신에 트리글리시딜 이소시아나토 (TGIC)를 사용한 경화계가 분체도료의 주류를 이루고 있지만, 일부 국가에서는 TGIC로 인한 피부염과 변이원성 (變異原性) 등 안전성이 문제가 되고 있다. 이와 같은 안전 위생상의 문제를 해소하기 위해 새로운 경화제 개발이 진행되고 있다. 예컨대, 롬&하스사는 산과의 반응으로 물이 탈리하는 β-히드록시알킬아미드를, 또 수산기와의 반응으로 메탄올이 탈리하는 글루코우릴 경화제가 사이테크사에서 시판되고 있다.

이들 경화제는 가교 때에 물과 메탄올이 발생하기 때문에 후막에서는 핀홀이 생기기 쉽다. 그래서 가교 때에 탈리물이 발생하지 않는 경화제로 폴리우레트디온(Polyuretdione) 경화제가 이소시아나토 제조회사에서 시판되고 있다. 이들 경화제의 가교반응과 특징은 표 3-10을 참고하기 바란다.

분체도료가 성에너지형이란 사실은 앞에서 설명한 바 있는데, 분체도료의 스토빙 온도는 일반적으로 다른 도료와 비교하여 높은 편이다. 라인공정의 단축 및 작업환경 개선 측면에서 저온 경화형 분체도료의 개발이 요망되어 이미 스토빙 온도를 이전의 180℃에서 120℃까지 낮춘 에폭시계 및 에폭시폴리에스테르계 분체도료가 개발되었다.

성자원형 분체도료로서는 박막형 분체도료의 개발이 진행되고 있다. 분체도료의 경우 막 두께의 박막화와 더불어 레벨링이 나빠지고 도막 외관이 떨어지는 경향이 있다. 이를 방지하기 위해서는 분체도료의 용융 점도의 저하, 표면 장력의 증가 및 분체 입자 지름의 감소가 유효한 수단이 된다.

실제로, 이와 같은 수단으로 자동차 톱클리어 용도에 분체도료를 적용하여 용제형 도료와 같은 레벨의 외관을 달성한 예가 보고되었다.

이처럼 분체도료는 VOC 규제에 대응할 뿐만 아니라 성에너지, 성자원형으로서도 우수한 특징을 보유하고 있다. 앞으로 저온 경화형 경화제의 개발로 피도물의 베리에이션이 증가하고 경화형 도료만큼의 외관을 얻음으로써 자동차용 도료를 포함한 광범위한 열경화형 용제 도료와의 대체가 이루어질 것으로 기대된다.

표 3-10 새로운 분체 경화

경화 형식	경화 반응·특징
β-히드록실 알킬 아미드 경화제 (프리미드 X L552)	$4\ HOOC-PEs-COOH+$ $\quad HO-CHR_1-CH_2 \quad\quad CH_2-CHR_1-OH$ $\quad\quad\quad\quad\quad N-CO-R_2-CO-N$ $\quad HO-CHR_1-CH_2 \quad\quad CH_2-CHR_1-OH$ $\downarrow$ $-PEs-COO-CHR_1-CH_2 \quad\quad CH_2-CHR_1-COO-PEs-$ $\quad\quad\quad\quad\quad N-CO-R_2-CO-N$ $-PEs-COO-CHR_1-CH_2 \quad\quad CH_2-CHR_1-COO-PEs-$ — 물성, 내후성 양호 — 탈수 반응(편출 발생)
글리코릴 경화제 (파우더링크 1174)	$4\ HO-PEs-OH+$ $H_3COCH_2-N-CH-N-CH_2-OCH_3$ $\qquad OC \ \ |\ \ CO$ $H_3COCH_2-N-CH-N-CH_2-OCH_3$ $\downarrow$ $-PEsOCH_2-N-CH_2-N-CH_2PEs-$ $\qquad OC \ \ |\ \ CO \qquad +4CH_3OH$ $-PEsOCH_2-N-CH-N-CH_2PEs-$ — 물성, 내후성 양호 — 메탄올 회산(편출 발생)
우레탄 경화제	$nHO-PEs-OH \ +$ $R_1OCONH-R_2-CH_2N \begin{matrix}CO\\ \quad CO\end{matrix} NCH_2-R_2-NHCO-[\,O\sim OCONH-R_2-CH_2NHCOO\sim OCONH-R_2-CH_2NHCOO-\,]-OR_1$ $\longrightarrow n-PEs-COONHCH_2-R_2-CH_2NHCOO-OCONH-R_2-CH_2NHCOO-$ 블록제 회산 없음 — 경화온도가 높다. R_1R_2 : 알킬기

3-6 환경을 정화하는 코팅과 그 기술

앞 절에서 환경을 오염시키지 않는 코팅으로서 현재 개발이 되었거나 개발이 진행되고 있는 각종 코팅을 소개하였으므로 여기서는 진일보하여 오염된 환경을 정화할 수 있는 코팅과 그 기술에 관하여 몇 가지 예를 기술하겠다.

(1) 이산화티탄졸

환경을 정화하는 대표적인 도료로 이산화티탄을 사용한 도료(산화 titanium sol)가 관심을 모으고 있다. 이산화티탄은 광촉매효과가 있어, 빛을 흡수하면 산화작용 등을 일으킨다. 이 이산화티탄이 발현하는 광촉매 활성은 오염 부착방지, 항균작용, 탈취, 흐림방지 기능을 발휘함으로써 표 3-11에 게시한 바와 같이 다양한 분야에서 응용이 검토되고 있다.

표 3-11 광촉매의 기능 및 응용 분야

기 능	응용 분야
항균	항균 제품
방오	낮은 오염성 건재
	담뱃진 분야
NO_x산화	정화 건재
탈취	공기 정화기
흐림방지	거울, 안경 등

이산화티탄에 의한 더러움 방지는 주로 유기물의 산화분해로 이루어진다. 재료에 부착하는 오염물은 유기물인 유지(油脂)가 무기물(먼지, 흙 등)의 바인더가 되어 재료 표면을 코팅하는 과정에서 일어나는 현상이다.

따라서 이산화티탄 광촉매가 산화작용으로 부착한 유지를 분해하면, 나머지 무기물은 빗물 등의 작용만으로도 간단하게 제거할 수 있다(그림 3-7).

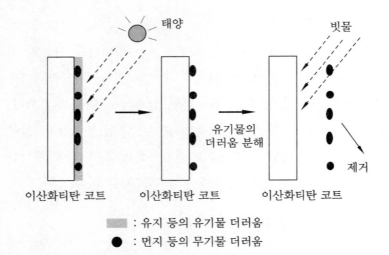

그림 3-7 더러움 방지의 메커니즘

이 이산화티탄의 산화에 의한 유지 분해성은 이산화티탄의 입자 지름에 따라 다르며, 예컨대 입자 지름 20나노미터의 이산화티탄과 입자지름 120나노미터의 이산화티탄을 비교하면 후자가 유지 분해성이 뛰어나다(그림 3-8).

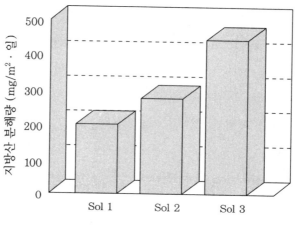

그림 3-8 지방산 분해성

　또, 항균작용은 이산화티탄 부착량에 따라 변화하며, 이 부착량이 $250\,mg/m^2$ 이상이 되면 1000 룩스의 백색 형광등의 경우 멸균율이 99 퍼센트 이상이 된다(그림 3-9).

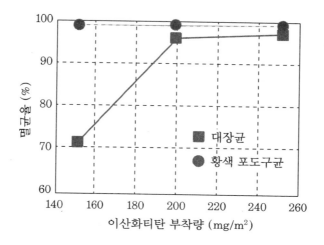

그림 3-9 이산화티탄 부착량과 멸균율의 관계(mg/m^2)

또한 이산화티탄은 질소산화물 (NO_X)와 알데히드 (aldehyde) 류의 산화분해에도 효력을 발휘한다. 예를 들면, 아세트알데히드 200 ppm을 140×150 mm의 유리판에 도포한 후 이산화티탄 졸 0.5 mW/cm^{2}의 자외광을 조사하였을 때 100분 정도면 완전 분해되었다는 보고가 있다 (그림 3-10).

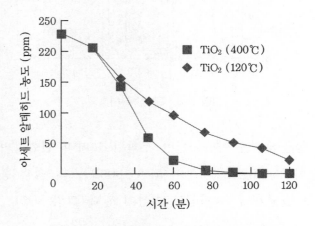

그림 3-10 아세트 알데히드 분해속도와 건조온도

이와 같은 특성을 갖는 이산화티탄 광촉매를 배합한 코팅은 온갖 환경을 정화하는 코팅으로서 앞으로 더욱 발전할 것으로 전망된다.

(2) 다양한 특성을 갖는 도료

① 전자파 실드 도료

도전성 도료 중에서 사용량이 가장 많은 것으로, 보통 도전성 도료라고 한다. 디지털부분을 갖는 전자기기에서 발생하는 잡음 전자기파를 차단하여 TV, 라디오, 컴퓨터 등의 전파 장해를 방지하기 위해 사용된다.

과거에는 전자기기의 용기로는 주로 금속제품이 사용되었지만 오늘날에 이르러서는 플라스틱이 사용되고, 이로 인하여 전파 장해가 문제시되고 있다. 이 전자기파 실드도료로는 은, 구리, 니켈 등의 금속분을 배합한 도료가 사용되고 있다. 구리는 도전성이 좋지만 산화되기 쉬우므로 니켈이 주로 사용된다. 한편, 구리 분말의 표면처리 기술이 발전한 관계로 구리의 사용도 늘어나고 있다.

대상으로 하는 주파수는 150 kHz~1 GHz이고, 경합기술로서 도금, 진공증착, 금속용사(金屬溶射), 스퍼터링(sputtering) 등의 표면처리 및 필러 혼합에 의한 소재 자체의 도전화가 있다.

② 전해 완화 도료

고전압 전기기기의 도전체 주위에 시설된 절연체 표면에 도포하여 그 부분의 전계(電界)를 저하시킴으로써 부분방전(코로나방전), 연면 프레시오버 등을 방지하기 위해 사용된다. 탄화규소를 필러로 하는 도료로, 전계에 대하여 비선형적인 저항 특성을 가지며 고전압이 되면 전기 저항이 낮아진다.

③ 전파를 흡수하는 도료

전자기파 실드도료가 주로 전자기파를 반사시켜 장해를 막는 데 비하여 전자기파 에너지를 흡수·감쇠시켜 전파장해를 막는 것이 전자기파 흡수 도료이다. 이 전자기파 흡수 도료는

레이더 전파로부터의 은닉, 고층 건축물에 의한 TV 고스트 감소 방지, 거대 교량으로 인한 선박 레이더의 고스트 방지 등에 사용되고 있다. 금속 및 페라이트(ferrite)가 필러(filler)로 사용되며 그 유전손실, 자성손실에 의해서 800~1300 MHz의 전파를 흡수한다.

④ 제진도료

방음도료, 방진(防振) 도료라고도 한다. 방음수단으로는 흡음, 차음, 제진(制振) 등의 방법이 이용되지만, 흡음 및 차음은 도료의 질량으로는 어렵기 때문에 도료는 제진작용에만 이용된다. 원래 도료용 수지에는 진동 감쇠작용이 있으므로 큰 손실 탄성률 및 tan을 갖는 수지(덤핑층)로 피도물의 진동에너지를 흡수하는 것이다. 이것만으로는 cm오더 막 두께가 필요하므로 그 표면에 영률이 높은 구속층을 마련하여 기반의 진동을 흡수하는 2층형에 의해 mm오더의 막 두께로 제진이 가능하게 된다. 그래도 막 두께가 두꺼우므로 라미네이트법과의 경쟁이 불가피하다.

⑤ 방취도료

냄새를 소거하거나 혹은 냄새를 막는 도료를 말하는데, 본래 물리적 흡착 및 화학적 흡착에 의해서 탈취하는 도료가 제안되었지만 지속성에 한계가 있기 때문에 별로 진전을 보지 못했다. 그래서 효소 및 효소 보조제를 함유한 도료가 개발되었다. 이 도료는 효소의 작용으로 흡착된 이취물질(異臭物質)

을 분해할 수 있어 지속성이 기대된다.

⑥ 곰팡이 방지 도료

주방, 욕실, 지하실, 병원, 냉장창고 등, 고온 다습한 장소의 곰팡이 발생을 방지하는 도료이다. 곰팡이 방지제를 비닐수지, 아크릴수지에 약간 넣어 조제한다. 시판되고 있는 곰팡이 방지제는 수십 종에 이르며, 이 제품들은 곰팡이의 포자(胞子)에는 작용하지 않고 균자의 성장과정을 저해한다. 인체에 대한 안전성이 중요하므로 LD 50이 1000 mg 이상인 것이 사용된다.

4장
미래의 코팅을 위한 폴리머 재료

미래의 코팅을 위한 폴리머 재료

4-1 도료의 새로운 기능

도료의 본래 목적은 물체의 표면을 피복하여 보호하거나 미관을 나타내기 위해서이지만 오늘날에 이르러서는 연구개발의 방향이 내구성, 내후성, 내식성의 기본 기능 향상에서 한발 더 나아가 다음과 같은 다종다양한 기능을 발휘하는 도료에 돌아가고 있다.

(1) 광학적 기능성 도료
축광도료, UV커트 도료, UV경화 도료, 형광도료

(2) 전기·전자 기능성 도료
대전방지 도료, 전자기파 실드도료, 자성도료, 반도체용 도료

(3) 기계적 기능성 도료

탄성도료, 초후막 도료, 척수성 도료, 결빙·착설(着雪)방지 도료

(4) 물리적 기능성 도료

수중(水中) 경화형 도료, 초내후성 도료, 결로(結露)방지 도료, 냄새 소거 및 탈취도료, 내산성비 도료, 비점착성(非粘着性) 도료

(5) 화학·생물학적 기능성 도료

선저(船底) 방오 도료, 항균재료, 원내(院內) 감염대책용 도료, 곰팡이 방지 도료, 동물기피 도료, 가스배리어성 도료, 적외선방사 도료, 고효율 복사도료, 비오염성 무취 내벽용 도료

이 장에서는 아직은 기초 검토단계에 있지만 장차 코팅재료로 실용화가 기대되는 기능성 고분자 재료에 관해서 최근의 연구 동향을 중심으로 기술하겠다.

4-2 특정한 자극으로 분해성을 나타내는 재료

(1) 개환 중합으로 얻어지는 폴리머

개환 중합은 에테르(ether), 에스테르(ester), 케톤(ketone), 아미드(amid), 카보나이트 등의 작용기를 폴리머 주사슬에 도

입할 수 있고, 주사슬이 폴리에틸렌 구조에 한정되는 비닐 폴리머에서는 볼 수 없는 기능을 폴리머에 부여하는 것이 가능하다(식 4-1 참조).

$$n \quad \overset{}{\underset{R}{\diagup}} \quad \xrightarrow{\text{비닐중합}} \quad \left(\!\!\begin{array}{c} \\ R \end{array}\!\!\right)_{\!n}$$

고리상 모노머

$$n \quad \overset{R}{\bigcirc} \quad \xrightarrow{\text{개환중합}} \quad -\!\!\left(\!\!R\!\!\right)_{\!n}$$

고리상 모노머

[식 4-1]

개환 중합으로 얻어지는 폴리머는 중축합에 의해서도 합성이 가능하지만 개환 중합에는 중축합에 없는 다음과 같은 이점이 있다.

① 중축합에서는 물, 알코올 등의 작은 분자가 부생한다. 중축합 반응을 효율적으로 실행하기 위해서는 이러한 부생성물을 계(系) 밖으로 제거하여 생성계에 평형을 유지시켜 줄 필요가 있다. 그러나 개환 중합에서는 이와 같은 작은 분자의 부생이 없고, 최종적인 중합반응률은 모노머와 폴리머의 열역학적 안정성에 따라 결정된다.

② 개환 중합은 중축합보다도 일반적으로 온화한 조건에서 진행된다. 즉, 중축합에서는 부반응 때문에 합성이 되지

않는 폴리머가 개환 중합에서는 부반응을 수반하지 않고
도 합성되는 경우가 있다. 예를 들면, 폴리에틸렌글리콜
(polyethylene glycol)은 에틸렌글리콜의 탈수 중축합
으로는 효율적으로 합성되지 않는다. 이는 분자 내 탈수
반응이 분자 간 탈수 중축합과 병발하여 2중 결합을 생
성함으로써 중축합 반응이 정지하기 때문이다. 이에 의
해서 폴리에틸렌글리콜은 에틸렌옥시드 개환 중합으로
제조되고 있다.

③ 중축합에서 높은 중합도의 폴리머를 얻기 위해서는 2종
의 작용기 농도를 엄밀하게 같게 할 필요가 있다. 개환
중합에서는 작용기 당량성은 필연적으로 유지된다.

④ 계에 따라서는 리빙(living)중합성을 나타내며, 분자량,
분자량 분포의 정밀한 제어가 가능하다.

⑤ 모노머 유닛 배열을 제어한 공중합(블록 공중합)이 가능
하다.

⑥ 입체 규칙성 제어가 가능하다.

개환 중합의 중합양식으로는 양이온, 음이온, 라디칼, 메타
세시스(metathesis), 배위 중합을 들 수 있다. 현재 공업화된
폴리머의 절반 이상은 라디칼 중합으로 제조되고 있다. 라디
칼 중합은 수분의 영향을 잘 받지 않고 유기중합 개시제를 사
용함으로써 얻어지는 폴리머의 금속염으로 인한 오염이 없는
등, 이온 중합에서는 찾아볼 수 없는 이점이 있다.

일반 라디칼 중합에서 개시제로 사용되고 있는 통상적인 과산화물, 아조화합물(azo compound), 레독스(redox)계 개시제는 모두 라디칼 개환 중합에도 적용이 가능하다. 각종 범용 라디칼 중합성 모노머를 공중합시킴으로써 폴리머 주사슬에 작용기를 도입하여 기능을 부가할 수 있으므로 라디칼 개환 중합성 모노머의 유용성은 매우 높다.

2위에 치환기(substituent)를 갖는 4-메틸렌-1, 3-디옥소란의 라디칼 중합은 개환 중합, 카르보닐(carbonyl) 화합물 탈리를 동반하는 개환 중합, 비닐 중합의 3 모드로 진행된다 (식 4-2).[1]

[식 4-2]

각 중합모드의 비율은 치환기에 의존하며, 보다 안정된 카르보닐 화합물을 탈리하는 모노머일수록 개환 탈리중합의 비율이 커진다.

4-메틸렌-1, 3-디옥소란의 광중합은 열(熱) 라디칼 중합과는 달리 100 %의 개환율로 진행하며, 카르보닐 화합물은 탈리하지 않는다.[2a]

MNDO 계산으로 해석한 결과, 각 모드의 라디칼 중간체의 안정성과 분자궤도의 에너지 준위 차이에 따라 중합모드 선택에 온도 의존성이 발현되는 것으로 보인다.[2b]

2, 2-디페닐-4-메틸렌-1, -3-디옥소란은 라디칼 중합에서 벤조페논(benzophenon)의 정량적인 이탈을 수반하며 선택적으로 폴리케톤을 부여한다.[3] 중합속도는 페닐기의 치환기 전자흡수성이 클수록 증가한다.[3c]

4-메틸렌-1, 3-디옥소란은 아크릴로니트릴(acrylonitrile)과 효율적으로 라디칼 중합하여 케톤카르보닐기를 주사슬로 갖는 폴리아크릴니트릴을 부여한다. 이 공중합체를 N, N-디메틸포름아미드에 용해하여 파이렉스 유리관 속에서 400 W 고압 수은램프로 자외선 조사하면 그 평균 분자량은 4시간 후 조사하기 이전의 약 3분의 1까지 낮아진다.[4]

한편, 아크릴로니트릴의 단독 중합체는 광조사 후에도 분자량이 전혀 낮아지지 않는다. 구든 (Gooden) 등은 에틸렌과 일산화탄소와의 공중합체가 Norrish II형 기구에 의해 광분해한다는 사실을 보고되었으며[5] 4-메틸렌-1, 3-디옥소란과 아크릴로니트릴의 동중합체도 같은 기구로 광분해하는 것으로 보인다.

4-3 생분해성을 갖는 재료

⦿ 효소 분해성을 나타내는 폴리머

$N-$아실아미노산 에스테르의 에스테르 부위는 프로테아제 (protease)에 의해 효율적으로 분해된다.[6] $N-$아실아미노산 에스테르 구조를 반복 단위로 갖는 폴리에스테르아미드의 합성과 효소 분해성이 검토되고 있다 (식 4-3 참조).

R=CH₃, CH₂CH(CH₃)₂, CH₂Ph

[식 4-3]

얻어지는 폴리머는 펩신 (pepsin), 트립신 (trypsin), 키모트립신 (chymotrypsin) 등의 효소에 의해 분해된다.[7] D체의 아미노산에서 유도한 폴리에스테르아미드의 분해성은 L체에서 유도한 것에 비하여 현저하게 작기 때문에 분해는 효소에 의해 일반적인 에스테르 가수분해와 같은 기구에서 진행되는 것으로 여겨진다.

5원자고리 카보나이트는 불포화 산화수소 추출 용액이자, 우수한 비프로톤성 극성 용액으로 전지의 전해질 용매 등에 광범위하게 사용되고 있다.

5원자고리 카보나이트는 에스테르나 곧은 사슬 카보나이트에 비해 아미노분해를 받기 쉽다.[8] 5원자고리 카보나이트의 특이한 반응성을 이용하여 에틸렌카보나이트와 L-페닐알라닌 (phenylalanine)의 부가반응으로 분자 내에 우레탄구조를 갖는 히드록시카르본산이 합성되고 있으며 그 자기중축합으로 광학활성 폴리(에스테르-우레탄)가 얻어지고 있다(식 4-4).

[식 4-4]

이 폴리머는 폴리에스테르 구조와 생체 유래의 아미노산 구조를 갖기 때문에 pH 7.6의 인산 완충용액 중 37℃에서 가수분해 효소의 트립신에 의해 대부분 가수분해된다.[9]

주사슬에 아미노산 구조를 갖는 폴리머는 라디칼 중부가 반응에 의해서도 합성이 가능하다. 3-부테노일아미노산 알릴에스테르 및 N-알릴-3-부테노일아미노산 아미드가 글리신, L-알라닌, L-로이신 및 L-페닐알라닌으로 합성되고 있으며, 이들과 에탄디티올과의 라디칼 중부가 반응으로 주사슬에 아미노산 구조를 갖는 폴리머가 얻어진다(식 4-5).

R = H, CH₃, CH₂CH(CH₃)₂, CH₂Ph
R = CO₂, CONH

[식 4-5]

이 폴리머는 트립신, 파파인(papain)에 의한 가수분해성을 나타내지 않지만 α-키모트립신에 의해 현저한 분해성을 나타낸다.

아미노산의 환원으로 얻어지는 아미노알코올은 아미노기, 수산기 등, 합성화학상 유용한 작용기를 가지며, 광학활성인 관계로 유기합성의 키랄 빌딩 블록(chiral building block)으로서 광범위하게 사용되고 있다.

아미노알코올을 주사슬로 갖는 폴리에스테르는 아미드설파이드라디칼 중부가 반응으로 합성되고 있다(식 4-6). 이 폴리머는 양호한 효소 분해성을 나타내며, 분해 생성물로서 폴리머가 에스테르 부위에서 가수분해된 화합물을 수여한다.[10)]

R = CH_3, $CH_2CH(CH_3)_2$, CH_2Ph

R' = (CH_2) m (m = 2~6), 1, 4 – CH_2 – C_6H_4 – CH_2

[식 4-6]

일반적으로 폴리아미노산은 N-카르복시-α-아미노산 무수물(NCA)의 개환 중합으로 합성된다. 글루타민산은 α-위와 γ-위에 두 카르복실기를 갖고 있으며, NCA를 합성할 때는 γ-위의 카르복실기의 에스테르화에 의한 보호가 필요하다.

얻어지는 γ-알킬-α-폴리글루타민산은 합성피혁의 표면처리제, 섬유처리제로 사용될 뿐 아니라, 액정재료, 압전재료, 효소모델, 부제합성(不齊合成)의 촉매, LB막, 2분자막으로 폭넓게 연구되고 있다.

한편, 글루타민산 γ-위의 카르복실기(carboxyl group)가 아미드결합으로 고분자화하여 얻어지는 폴리 γ-글루타민산(γ-PGA)은 낫토의 점성(黏性) 성분으로 알려져 있다. 균주 *Bacillus subtilis* F-201에 의해 γ-PGA의 공업적인 제조방

법이 확립되었다.[11)]

미생물법으로 합성된 γ-PGA의 구조해석과 반응이 검토되고 있으며, 폴리머 중의 구성 글루타민산은 D-체로서 L-체의 비율이 6대 4로 라세미화(racemization)되어 있고, α-위의 카르복실기는 염기 존재 아래 알킬할라이드와 효율적으로 반응하여, 대응하는 γ-PGA-α에스테르를 부여한다.[12)]

이 γ-PGA-α에스테르는 나일론과 같은 정도의 강도를 갖는 섬유로 성형이 가능한 것으로 밝혀졌다(식 4-7).

[식 4-7]

γ-PGA-α-에스테르는 프로테아제(protease)의 일종인 브로멜린(bromelin)에 의해 신속하게 분해되며, 그 분해속도는 α-위로의 에스테르 도입률 및 에스테르의 알킬기의 사슬 길이에 의해 제어가 가능하다.

γ-PGA의 수산화나트륨을 사용한 알칼리 가수분해가 검토되고 있으며, 사용하는 수산화 나트륨의 농도를 제어함으로써 임의의 분자량을 갖는 γ-PGA를 얻을 수 있다.[13]

서방성(徐放性) 의약은 의약품의 효력 지속, 부작용 제어 등의 효과로 일찍이 주목받아 서방성 천식약 등으로 임상실험이 이루어지고 있다. 결사슬의 카르복실기에 5-플루오로라실을 도입한 γ-PGA는 생분해성을 갖는 서방성 항종양제로 기대를 모으고 있다.[14]

4-4 리사이클이 가능한 재료

(1) 폐기 폴리머 재료의 연구

탄산가스의 방대한 방출로 인한 지구온난화와 프레온가스로 인한 오존층 파괴 등, 지구규모의 환경파괴 억제에 인류의 관심이 모아지고 있다. 산업과 생활폐기물로 인한 환경오염도 국토가 좁은 우리나라로서는 심각한 문제 중 하나이다.

폐기 폴리머 재료로 인한 환경파괴의 방지책으로 더 효율적인, 생분해성 폴리머, 광분해성 폴리머가 계속 연구되고 있다. 생분해성 폴리머로 초기에 개발된 것은 폴리올레핀(poly-olefine)에 녹말(starch)을 섞어, 성형물 속의 녹말이 미생물에 의해 분해됨과 동시에 성형물의 형상이 붕괴되는 이른바 형상붕괴성 폴리머였다.

하지만 이 방법은 어떤 의미에서는 미소한 합성폴리머의 가루를 뿌려 흩뜨릴 뿐, 합성폴리머가 야기하는 환경문제의 본질적인 해결법은 아니었다.

폐기 폴리머 재료로 인한 환경오염 문제의 한 가지 해결법으로 폴리머의 재사용을 들 수 있다. 리사이클에 대한 국민의식은 첨차 높아지고 있지만 의식만으론 한계가 있으므로 독일의 경우처럼 플라스틱 용기에 의한 보증금(deposit) 부과 같은 법적 규제를 도입할 필요가 있다.

폴리머의 리사이클 방법으로는 폐기 폴리머의 소각으로 발생하는 열을 이용하는 열적 리사이클, 폐기 폴리머를 다시 성형하여 사용하는 재료 리사이클, 폐기 폴리머를 해중합하여 모노머로 변환하는 화학적 리사이클 등을 들 수 있다(그림 4-1).

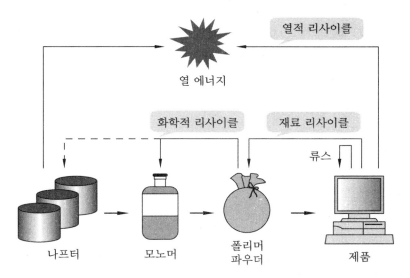

그림 4-1 폴리머의 화학적 리사이클 시스템

리사이클에 필요한 에너지를 고려할 필요가 있으므로 단순한 비교는 할 수 없지만, 원료를 재생한다는 차원에서는 이들 세 가지 리사이클 방법 중에서 화학적 리사이클이 가장 본질적인 유효한 방법인 것으로 믿어진다. 여기서는 쌍고리상 모노머의 개환 평형중합을 사용한 폴리머의 화학적 리사이클 시스템에 관해서 기술하도록 하겠다.

(2) 화학적 리사이클 시스템

이제까지 스피로-오르토에스테르 (spiro-orthoester)는 100℃ 정도에서 양이온 2중 개환 중합하고, 이때 체적 팽창을 나타내는 이른바 중합 팽창성 모노머로 연구되어 왔다.[15]

최근에는 스피로-오르토에스테르를 0℃에서 중합하면 에테르 고리만이 단개환 중합하여 폴리 고리상 오르토에스테르를 생성하는 것이 발견되었다. 이 단개환 중합체는 실온, 용매 속에서 산용매에 의해서 해중합하여 정량적으로 모노머를 재생한다 (식 4-8).[16]

스피로-오르토에스테르   폴리 고리상 오르토에스테르

R' = H, Me, Ph, BrCH₂CH₂ = EtSCH₂, AcOCH₂

$R' = H, Me, Ph, BrCH_2CH_2 = EtSCH_2, AcOCH_2$

[식 4-8]

스피로-오르토에스테르의 중합·해중합은 메틸기, 페닐기, 브로모메틸기(bromomethyl group), 엑소메틸렌기, 티오에테르기, 아세톡시메틸기(acetoximethyl group) 등[17] 각종 치환기를 갖는 어떠한 모노머에서도 효율적으로 진행된다.

스피로-오르토에스테르 중합온도의 역수와 모노머 전화율(轉化率) 간에는 직선관계가 이루어지므로 이 중합은 평형 중합이다.

스피로-오르토에스테르의 중합·해중합을 더욱 발전시킨 계(系)로 2작용성 스피로-오르토에스테르의 가교반응과 얻어진 네트워크 폴리머의 해가교가 검토되고 있다 (식 4-9).

2작용성 스피로-오르토에스테르   네트워크 폴리머

$R = S(CH_2)_3S$, $S(CH_2)_6S$, C_6H_4-, $4-(S)_2$, $COC(CH_2)_2CO_2$, cyclohexane-1, $4-(CO_2)2_2$, C_6H_4-1, $4-(CO_2)_2$

[식 4-9]

네트워크 폴리머의 수율(收率)은 치환기(R)에 따라 다르지만, 디티오에테르(dithioether) 구조는 이에 대응하는 네트워크 폴리머를 정량적 비율로 준다.[18] 네트워크 폴리머를 용매 속, 산촉매로 처리하면 2작용성 모노머와 용매 가용(可溶)의 올리고머가 회수된다.

엑소메틸렌기를 갖는 스피로-오르토에스테르 및 곁사슬에 스피로-오르토에스테르 구조를 갖는 메타크릴산 에스테르가 합성되었으며, 아크릴로니트릴, 메타크릴산 메틸 등과의 라디칼 공중합으로 곁사슬에 스피로-오르토에스테르 구조를 갖는 폴리머가 얻어진다. 이 양이온 가교반응에서는 어떠한 폴리머라도 양호한 수율로 용매 불용의 네트워크 폴리머를 부여한다 (식 4-10).[18]

얻어지는 네트워크 폴리머의 해가교 반응에서는 용매 가용의 선상(線狀) 폴리머가 재생된다.

메타 크릴산 메틸

스피로 오르토에스테르 구조를 갖는 메타크릴산

곁사슬에 스피로-오르토 에스테르 구조를 갖는 폴리머

네트워크 폴리머

[식 4-10]

바이사이클로-오르토에스테르도 스피로-오르토에스테르와 마찬가지로 양이온 2중 개환 중합이 진행되는데, 이때 체적

팽창을 나타낸다.[19) 또, 바이사이클로-오르토에스테르가 스
피로-오르토에스테르와 마찬가지로 0℃에서는 단개환 중합하
고, 이 중합계가 평형 중합인 사실이 확인되었다 (식 4-11).

바이사이클로-오르토에스테르   폴리 고리상 오르토에스테르

[식 4-11]

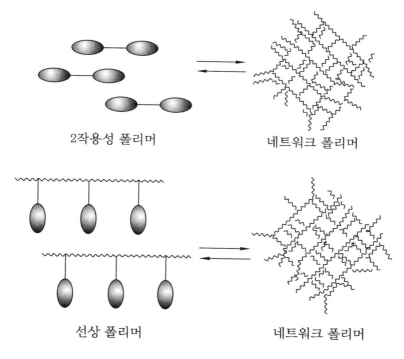

2작용성 폴리머   네트워크 폴리머

선상 폴리머   네트워크 폴리머

그림 4-2 가교·해가교 반응

또, 2작용성 바이사이클로–오르토에스테르와 네트워크 폴리머 간의 가교·해가교반응,[20] 곁사슬에 바이사이클로–오르토에스테르 구조를 갖는 선상 폴리머와 네트워크 폴리머 간의 가교·해가교 반응이 진행되는 것이 발견되었다.

스피로–오르토에스테르, 바이사이클로–오르토에스테르의 평형 중합을 이용한 2작용성 폴리머와 네트워크 폴리머 간의 리사이클 및 선상 폴리머와 네트워크 폴리머 간의 리사이클 개념은 열가소성 수지뿐만 아니라 열경화성 수지의 리사이클 사용 가능성을 시사한다(그림 4-2).

4-5 환경정화에 기여하는 재료

(1) 증가하는 이산화탄소의 농도

산업혁명 이전(1750년경)의 대기 중 이산화탄소 농도는 약 280 ppm이었던 것으로 추정된다. 이 값은 10~18세기 사이 거의 변동이 없었지만 20세기에 들어서 이산화탄소 배출량이 급격하게 늘어나자 그 농도가 급상승했다. 예컨대 1960년에는 대기 중의 이산화탄소 농도가 약 315 ppm이었던 것이 1995년에는 약 360 ppm으로, 35년 사이에 45 ppm이나 높아졌다.

이산화탄소는 대기 중의 적외선을 흡수하여 열을 우주로 달아나지 않게 하는 작용을 하고 있으며, 지표의 온도를 생물이 생존 가능한 온도로 조정하는 중요한 역할을 담당하고 있다.

하지만 대기 중의 이산화탄소 농도가 현재의 추세대로 증가한다면 이산화탄소로 인한 온실효과 때문에 2050년에는 약 1℃, 2100년에는 현재보다 지표의 평균 온도가 약 2℃ 상승할 것으로 예견되고 있다.

실제로 2℃ 상승한다면 어떠한 결과가 초래될 것인가? 해수의 열팽창, 빙하의 융해로 해면(海面)이 지역에 따라서는 현재보다 1미터 가까이 상승하여 모래사장의 90퍼센트가 소실될 것으로 예상된다.

특히 열대 아시아에서는 연안부의 델터와 저지대에 거주하고 있는 수백만의 사람들이 이주(移住)해야 할 것이다.

또, 세계적으로 기후가 격변하여 농작물에 심한 타격과 식량 부족으로 인한 기아가 예상된다. 지구온난화 문제는 21세기를 살아 나가야 할 우리 후손들에게 있어 매우 심각한 문제이다. 오늘날을 살아가는 우리가 지금 이산화탄소의 배출을 억제하지 않는다면 100년 후 인류는 생존에 위협을 느끼게 될 것이다.

그러나 이 이산화탄소를 인류의 산업 활동의 폐기물로서가 아니라, 탄소원으로 활용한다면 이산화탄소는 용도 일전하여 값싸고, 무궁무진한 매우 매력적인 탄소자원이 될 수도 있다. 이산화탄소 배출 억제의 측면에서도 그 고정화(固定化)와 유효 이용에 관한 연구는 지극히 뜻이 있는 것으로 생각된다.

과학자들은 유기합성화학, 고분자합성화학 입장에서 이산

화탄소를 원료로 한 반응성 고분자에의 응용에 관하여 연구를 이어오고 있다. 여기서는 그 실례에 대하여 소개하겠다.

(2) 이산화탄소를 원료로 한 반응성 고분자

이산화탄소는 에폭시드와 반응하여 5원자고리 카보나이트를 형성한다. 이 반응에는 일반적으로 고온, 고압이 필요하지만 할로겐화(halogenation) 금속 촉매를 사용함으로써 상압, 100℃에서 효율적으로 반응이 진행된다 (식 4-12).[21]

$$\text{에폭시드} + CO_2 \xrightarrow[\text{1 atm, } <100℃]{\text{촉매 MX}} \text{5원자고리 카보나이트}$$

$$\left[\begin{array}{l} M = \text{Li, Na, K} \\ X = \text{Cl, Br, I} \end{array} \right]$$

[식 4-12]

획득되는 5원자고리 카보나이트는 아민과 실온에서 신속하게 반응하여 히드록시우레탄을 생성한다. 이 조건에서는 5원자고리 카보나이트는 알코올, 물과는 전혀 반응하지 않고, 또 에스테르, 사슬상 카보나이트는 실온에서는 전혀 반응하지 않는다. 이 높은 반응성과 선택성은 5원자고리 카보나이트를 사용하는 반응성 고분자 설계에서 매우 중요하다.

곁사슬에 에폭시기를 갖는 폴리머(폴리메타크릴산 글리시딜에스테르)는 이산화탄소와 효율적으로 반응하여 곁사슬에 5원자고리 카보나이트 구조를 갖는 폴리메타크릴산 에스테르

를 만들어준다.[22]

동일한 구조의 폴리머는 글리시딜메타크릴레이트와 이산화
탄소의 반응으로 얻어지는 메타크릴산 에스테르의 라디칼중합
으로도 합성이 가능하다[23]. 이 폴리머는 아민과 반응하여 곁사
슬에 히드록시우레탄 구조를 갖는 폴리머를 만들어준다. 2작용
성 아민을 사용하면 다음과 같이 가교체가 생성된다 (식 4-13).

[식 4-13]

2작용성 5원자고리 카보나이트는 2작용성 에폭시드와 이산화탄소의 반응으로 합성할 수 있다. 2작용성 5원자고리 카보나이트와 디아민의 중부가를 N, N-디메틸아세트아미드 중 100℃, 24시간 조건으로 실시하면 평균 분자량 2~3만의 폴리히드록시우레탄을 정량적으로 얻을 수 있다.[24]

이 중부가 반응은 물, 알코올이 공존할지라도 문제없이 진행되므로 매우 간단한 신규 폴리우레탄 합성으로 자리매김할 수 있다 (식 4-14).

[식 4-14]

이산화탄소의 유사체인 이황화탄소도 에폭시드와 반응하여 대응하는 5원자고리 디티오카보나이트를 만들어준다.[25] 곁사슬에 5원자고리 디티오카보나이트를 갖는 폴리머의 합성과 반응,[26] 5원자고리 디티오카보나이트와 디아민의 반응으로 얻어지는 디티올의 산화중합, 디브로마이드와의 중축합, 디이소시아나트와의 중부가,[27] 2작용성 에폭시드와 이황화탄소와의 반응으로 얻어지는 2작용성 5원자고리 디티오카보나이트와 디아민과의 중부가,[28] 2작용성 5원자고리 디티오카보나이트와 디아민과의 부가반응으로 얻어지는 디티올의 산화중합,[29] 디이소시아나트와의 중부가, 디이산클로이드, 디브로마이드와의 중축합[30]이 검토되고 있으며 모두 효율적으로 대응하는 폴리머가 얻어진다.

폴리머는 높은 굴절률을 나타내므로 반응성 고분자뿐만 아니라 광학재료로서의 이용도 기대된다 (식 4-15).

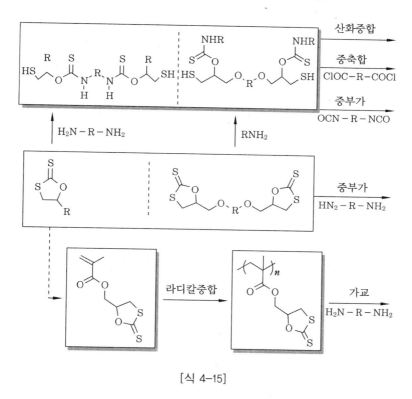

[식 4-15]

한편, 5원자고리 디티오카보나이트의 양이온 이성질화 및 개환중합이 검토되고 있다(식 4-16).

촉매로 염화아연, 트리플루오로메탄술폰산 등의 루이스산 (Lewis acid), 프로톤산(proton adid)을 사용하면 모노머의 이성질체를, 트리플루오로메탄술폰산 메틸, 트리플루오로메탄술폰산 에틸을 사용하면 폴리디티오카보나이트를 선택적으로 얻을 수 있다.[31]

[식 4-16]

[식 4-17]

5위에 벤족시메틸기를 갖는 5원자고리 디티오카보나이트의 양이온 개환 중합을 매체로 하여 트리플루오로메탄술폰산 또는 트리플루오로메탄술폰산 메틸을 사용하여 클로로벤젠 중 실온이나 60℃ 이하의 조건 아래서 실시하면 얻어지는 폴리머의 분자량은 매우 적고, GPC로부터 구해지는 폴리머의 분자량은 ^{1}H-NMR로부터 구해지는 분자량과 잘 일치한다. 이 모노머의 리빙 중합성은 벤족시메틸기의 인접기 관여에 바탕한다는 점을 시사한다.[32]

4-6 체적 팽창을 나타내는 재료

고리상 카보나이트는 양이온, 음이온 두 모드 모두에서 개환 중합하며 대응하는 카보나이트를 부여한다(식 4-18). 최근 고리상 카보나이트가 중합시에 1~8 퍼센트의 체적 팽창을 나타내는 것이 발견되었다.[33] 이것은 단고리 구조의 모노머 중합에서 체적 팽창이 나타난 최초의 예이다.

고리상 카보나이트

폴리카보나이트

[식 4-18]

고리상 카보나이트의 중합 팽창 메커니즘은 그림 4-3과 같이 생각할 수 있다. 고리상 카보나이트는 모노머의 분자 간 상호작용이 강하고, 치밀하게 채워져 있다. 고리상 카보나이트가 개환하여 사슬모양이 되면 폴리머 사슬 간의 상호작용이 약화되고 자유 체적이 커지며 중합 팽창이 발현한다.

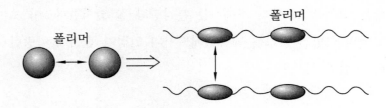

그림 4-3 고리상 카보나이트의 중합 팽창 메커니즘

　분자 간 상호작용을 견적하는 파라미터(parameter)로 쌍극자 모멘트가 사용되고 있으며, 모노머와 폴리머의 모델인 개환 저분자 화합물의 쌍극자 모멘트가 반경험적 분자궤도 계산으로 산출된다.

　예를 들면, 1,3-디옥산의 경우 모노머(2.0 debye)보다 폴리머 모델(2.3 debye)이 큰 쌍극자 모멘트를 나타내며, 모노머 상태보다 폴리머 쪽이 분자 간 상호작용이 커 실제 현상(체적 수축)과 일치한다.

　한편, 고리상 카보나이트는 쌍극자 모멘트(5.4 debye)를 나타내는 데 비하여 그 폴리머 모델은 작은 값(1.0 debye)을 나타낸다(그림 4-4). 위의 사실로 고리상 카보나이트는 모노머에서 큰 쌍극자-쌍극자 상호작용을, 폴리머에서 작아짐으로써 중합 팽창을 이룬다고 설명할 수 있다.

　이와 같이 고리상 카보나이트는 중합 팽창을 나타내는 것과 더불어 그 개환 중합으로 얻어지는 지방족(脂肪族) 폴리카보나이트가 생분해성을 나타내므로 중합 거동과 폴리머의 성질 양면에서 매우 흥미로운 재료라 할 수 있다.

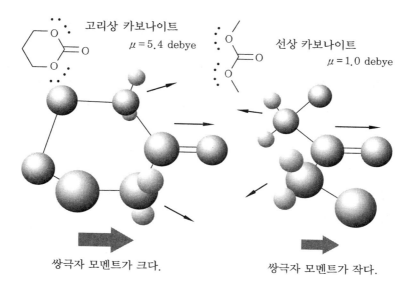

고리상 카보나이트
$\mu = 5.4$ debye

선상 카보나이트
$\mu = 1.0$ debye

쌍극자 모멘트가 크다.   쌍극자 모멘트가 작다.

그림 4-4   쌍극자 모멘트의 비교

고리상 카보나이트의 양이온 개환 중합에서는 일부 부반응으로 탈탄산이 진행되어 폴리에테르가 부산된다. 알킬할라이드와 같은 구핵성(求核性)이 큰 쌍음이온을 발생하는 개시제를 사용하여 고리상 카보나이트의 양이온 개환 중합을 하면, 이 탈탄산 반응이 전혀 진행되지 않고 선택적으로 폴리카보나이트를 얻을 수 있다.[34]

한편, 고리상 카보나이트의 음이온 개환 중합에서는 이 탈탄산반응이 전혀 진행되지 않은 평형중합을 볼 수 있다.[35] 이로 인해 고리상 카보나이트의 음이온 평형중합에서의 치환기 효과에 대한 검토가 실시되고 있다.

방향족 치환기를 갖는 고리상 카보나이트는 지방족 치환기를 갖는 것보다 평형 모노머 농도가 높고, 중합성이 끄는 중합의 열역학적 파라미터는 중합성과 좋은 일치성을 나타낸다.[36]

방향족 치환기가 도입된 경우, 폴리머의 카보나이트 부위가 크게 비틀려서 폴리머가 불안정해지며, 이것이 중합 거동의 차이를 초래하는 것으로 믿어진다.

5위에 2개의 페닐기를 갖는 6원자고리 고리상 카보나이트는 단독 중합성을 나타내지 않는다. 그 이유로는 폴리머가 불안정할 뿐만 아니라, 음이온 중합 생장 반응이 되감기는 반응을 불러온다는 점이 분자궤도 계산으로 밝혀졌기 때문이다.[37]

이 되감기는 반응을 억제하기 위해 중합성이 보다 높은, 5위에 두 메틸기를 갖는 6원자 고리상 카보나이트와 중합을 하면 코폴리머를 얻을 수 있다(식 4-19).

$$\underset{\text{고리상 카보나이트}}{} \quad \xrightarrow[\text{THF, 20℃}]{\begin{array}{c} tert-\text{Buok} \\ (1\,\text{mol}\%) \end{array}} \quad \underset{\text{폴리 카보나이트}}{}$$

[식 4-19]

이상으로 미래의 코팅을 지원할 폴리머 재료로, 특정 자극으로 분해성을 나타내는 재료, 생분해성을 갖는 재료, 리사이클이 가능한 재료, 환경정화에 기여하는 재료, 체적 팽창을 나타내는 재료 등에 관해서 설명하였다. 21세기에 사는 오늘날, 오존층 파괴, 산성비, 지구온난화, 산업폐기물로 인한 환경오염 등, 인류는 지구규모의 많은 난제에 직면해 있다. 금후의 코팅재료 연구개발에 있어서는 이제까지 추구되어온 고성능, 높은 부가가치뿐 아니라 재활용성을 갖고, 환경에 대한 부하가 작으며, 친환경적인 재료의 개발이 요구된다. 이 장이 그 힌트의 하나가 된다면 다행이다.

◎ 참 고 문 헌 ◎

1) (a) C.-Y.Pan, Z.Wu, and W.J.Bailey, *J.Polym, Sci., Part C : Polym, Lett.,* 25, 243 (1987).

   (b) M.S.Gong, S, -I.Chang, and I.Cho, *Makromol.Chem., Rapid Commun.,* 10, 201 (1989).

   (c) Y.Hiraguri and T.Endo, *J.Polym.Sci., Part A : Polym, Chem,* 27, 4403 (1989).

   (d) Y.Hiraguri and T.Endo, *J.Polym.Sci., Part A : Polym, Chem,* 28, 2881 (1990).

   (e) Y.Hiraguri and T.Endo, *J.Polym.Sci., Part A : Polym, Chem,* 30, 689 (1992).

   (f) S.Morariu, E.C.Buruiana, and B.C.Simionescu, *Polym, Bull.,* 30, 7-12 (1993).

2) (a) I.Cho, B.-G.Kim, Y.-C.Park, C.-B.Kim, and M.-S.Gong, *Makromol.Chem., Rapid Commun.,* 12, 141 (1991).

   (b) S.Morariu, G.Surpateanu, and B.C.Simionescu, *Macroml. Theory Simul.,* 3, 523-531 (1994).

3) (a) Y.Hiraguri and T.Endo, *J.Am.Chem.Soc.,* 109, 3779 (1987).

   (b) Y.Hiraguri and T.Endo, *J.Polym.Sci., Part A : Polym. Chem.,* 27, 2135 (1989).

   (c) Y.Hiraguri, T.Sugizaki, and T.Endo, *Macromolecules,* 23, 1 (1990).

4) T.Koizumi, Y.Hasegawa, T.Takata, and T.Endo, *J.Polym. Sci., Part A : Polym.Chem.,* 32, 3193 (1994).

5) R.Gooden, M.Y.Hellman, R.S.Hutton, and F.H.Winslow, *Macromolecules,* 17, 2830 (1984).

6) M. Laskowski, *Methods Enzymol.*, 2, 26 (1955).

7) (a) Y. Saotome, T. Miyazawa, and T. Endo, *Chem. Lett.*, 21 (1991).

   (b) Y. Saotome, M. Tashiro, T. Miyazawa, and T. Endo, *Chem. Lett.*, 153 (1991).

8) N. Kihara, T. Endo, *J. Polym. Sci., Part A : Polym. Chem.* 31, 2765 (1993).

9) N. Kihara, K. Makabe, and T. Endo, *J. Polym. Sci., Part A : Polym. Chem.*, 34, 1819 (1996).

10) E. Koyama, F. Sanda, and T. Endo, *Macromolecules*, 31, 1495 (1998).

11) H. Kubota, T. Matsunobu, and K. Uotani, *Biosci. Biotech. Bio chem.*, 57, 1212 (1993).

12) (a) H. Kubota, Y. Nambu, and T. Endo, *J. Polym. Sci., Part A : Polym. Chem.*, 31, 2877 (1993).

   (b) H. Kubota, Y. Nambu, and T. Endo, *J. Polym. Sci., Part A : Polym. Chem.*, 33, 85 (1995).

13) H. Kubota, Y. Nambu, and T. Endo. *J. Polym. Sci., part A : Polym. Chem.*, 34, 1347 (1996).

14) (a) A. Kishida, H. Goto, K. Murakami, K. Kakinoki, M. Akashi, and T. Endo, *J. Bioactive Compatible Polym.*, 13, 222 (1998).

   (b) A. Kishida, K. Murakami. H. Goto, M. Akashi, H. Kubota, and T. Endo, *J. Bioactive Compatible Polym*, 13, 271 (1998).

15) T. Takata and T. Endo, in *Expanding Monomers : Synthesis, Characterization and Applications* R. K. Sadhir, R, M, Luck, Eds. (CRC Press, Boca Raton, 1992) p. 63.

16) (a) S. Chikaoka, T. Takata, and T. Endo, *Macromolecules*, 24, 331 (1991).

 (b) S.Chikaoka, T.Takata, and T.Endo, *Macromolecules*, 24, 6557 (1991).

 (c) S.Chikaoka, T.Takata, and T.Endo, *Macromolecules*, 24, 6563 (1991).

17) K.Yoshida, F.Sanda, and T.Endo, *J.Polym.Sci.*, *Part A : Polym.Chem.* in press.

18) (a) T.Endo, T.Suzuki, F.Sanda, and T.Takata, *Macromolecules*, 29, 3315 (1996).

 (b) T.Endo, T.Suzuki, F.Sanda, and T.Takata, *Macromolecules*, 29, 4819 (1996).

 (c) T.Endo, T.Suzuki, F.Sanda, and T.Takata, *Bull.Chem.Soc.Jpn.*, 70, 1205 (1997).

19) M.Hitomi, F.Sanda, and T.Endo, *J.Polym.Sci.*, *Part A : Polym.Chem.*, 36, 2823 (1998).

20) M.Hitomi, F.Sanda, and T.Endo, *Macromol.Chem.Phys.*, 200, 1268 (1999).

21) N.Kihara, N.Hara, and T.Endo, *J.Org.Chem.*, 58, 6198 (1993).

22) (a) N.Kihara and T.Endo, *Macromolecules*, 25, 4824 (1992).

 (b) N.Kihra and T.Endo, *Macromolecules*, 27, 6239 (1994).

 (c) T.Sakai, N.Kihara, and T.Endo, *Macromolecules*, 28, 4701 (1995).

23) N.Kihara and T.Endo, *Makromol.Chem.*, 193, 1481 (1992).

24) N.Kihara and T.Endo, *J.Polym.Sci.*, *Part A : Polym.Chem.*, 31, 2765 (1993).

25) N.Kihara, Y.Nakawaki, and T.Endo, *J.Org.Chem.*, 60, 473 (1995).

26) N.Kihara, H.Tochigi, and T.Endo, *J.Polym.Sci.*, *Part A : Polym.Chem.*, 33, 1005 (1995).

27) W.Choi, M.Nakajima, F.Sanda, and T.Endo, *Macromol. Chem. Phys.*, 199, 1909 (1998).

28) T.Moriguchi and T.Endo, *Macromolecules*, 28, 5386 (1995).

29) W.Choi, F.Sanda, N.Kihara, and T.Endo, *J. Polym. Sci., Part A : Polym. Chem.*, 36, 79 (1998).

30) W.Choi, F.Sanda, and T.Endo, *J. Polym. Sci., Part A : Polym. Chem.*, 36, 1189 (1998).

31) (a) W.Choi, F.Sanda, N.Kihara, and T.Endo, *J. Polym. Sci., Part A : Polym. Chem.*, 35, 3853 (1997).

   (b) W.Choi, F.Sanda, and T.Endo, *Macromolecules*, 31, 2454 (1998).

32) W.Choi, F.Sanda, and T.Endo, *Macromolecules*, 31, 9093 (1998).

33) T.Takata, F.Sanda, T.Ariga, H.Nemoto, and T.Endo, *Macromol. Rapid Commun.*, 18, 461 (1997).

34) T.Ariga, T.Takata, and T.Endo, *Macromolecules*, 30, 737 (1997).

35) H.Keul and H.Höcker, *Makromol. Chem.*, 187, 2833 (1986).

36) J.Matsuo, K.Aoki, F.Sanda, and T.Endo, *Macromolecules*, 31, 4432 (1998).

37) J.Matsuo, F.Sanda, and T.Endo, *Macromol. Chem. Phys.*, 199, 2489 (1998).

찾·아·보·기

【ㄱ】

가교반응 ……………………… 157
가수분해 ……………………… 41
개환 중합 …………………… 145
개환 평형중합 ……………… 156
건축용 도료 ………………… 117
결로방지 도료 ………………… 98
곰팡이 방지 도료 …………… 139
공업도장 라인 ……………… 122
공업용 도료 ………………… 115
광분해성 폴리머 …………… 154
광촉매 ……………………… 133
광파이버 피복용 도료 ………… 96
광학재료 …………………… 165
광학적 기능성 도료 ………… 143
구리아크릴수지 ……………… 88
군청 …………………………… 14
굳힌 페인트 ………………… 15
글리프탈수지 ………………… 18
기계적 기능성 도료 ………… 144
꼭두서니 (Rubia arane) ……… 14

【ㄴ】

나전칠기 ……………………… 21
난연성 도료 …………………… 97
노볼락 (novolac) ……………… 23
니트로셀룰로오스 …………… 18
니트로셀룰로오스 래커 ……… 24

【ㄷ】

대기정화법, CAA …………… 106
대당 규제 (台当規制) ………… 110
대전방지 도료 ………………… 94
도시 생활형 공해 …………… 105
대기정화관리 기술지침 ……… 106
동유 …………………………… 23

【ㄹ】

래커 (lacquer) ………………… 23
리사이클 도장시스템 ………… 124
리사이클용 수성도료 ………… 126

【ㅁ】

마이카 (mica) ………………… 34
메탈릭 도장 …………………… 34
멜라민수지 …………………… 28
모노머종 ……………………… 59
물리적 기능성 도료 ………… 144
미장기능 ……………………… 10
밀타승 ………………………… 12

【ㅂ】

박막형 분체도료 …………… 131
방오도료 …………………… 100
방취도료 …………………… 138
배합(配合) 페인트 …………… 15
밸러스트 워터탱크 …………… 81

베를린청 (Berlin blue) ·············· 15

베이클라이트 (bakelite) ············· 23

보일유 (boiled oil) ················· 16

부스 순환수 ····················· 124

분체 (粉体) 도료 ················· 127

분체도료 ······················· 129

비스페놀 A형 에폭시수지 ·········· 81

【ㅅ】

사막화 ························· 104

산성비 ···················· 35, 104

산업공해 ······················ 105

삼림 감소 ····················· 104

새로운 가교반응계 ················ 42

색채계획 ······················· 10

생물 부착방지 도료용 수지 ········ 84

생분해성 ······················ 149

생분해성 폴리머 ················· 154

서방성 (徐放性) 의약 ············· 154

선상 (線狀) 폴리머 ··············· 158

셀락(shellac) ··················· 14

솔리드컬러 ····················· 27

솔리드컬러 도장 ················· 34

숍프라이머 ····················· 80

수성도료 리사이클 시스템 ········ 121

시온 (示溫) 도료 ················· 97

쌍극자 모멘트 ·················· 168

【ㅇ】

아미노알키드수지 ················ 26

알루미늄 건재용 소염도료 ········· 90

알키드수지 (alkyd resin) ·········· 18

애프터 버너 ···················· 74

야생 생물종의 감소 ·············· 104

양이온 전착도료 ················· 64

양이온 전착라인 ················· 64

양조 (養藻)용 도료 ·············· 100

연단 (사산화삼납) ················ 12

열적 리사이클 ·················· 155

오존층의 파괴 ·················· 104

옻칠 ·························· 12

용제형 도료 ··············· 127, 130

유기주석형 아크릴수지 ············ 84

유리 전이온도 ·················· 75

유해 폐기물의 월경 이동 ········· 104

윤활도료 ······················· 98

음이온 전착도료 ················· 64

이산화탄소의 농도 ·············· 160

이산화티탄졸 ··················· 133

【ㅈ】

자동차 보수용 도료 ············· 120

자동차용 중상칠 도료 ··········· 113

자성 도료 ····················· 94

자이로매트방식 ················· 123

재귀 반사도료 ·················· 96

전기·전자 기능성 도료 ··········· 143

전색제 (展色劑) ················· 11

전자파 실드 도료 ··············· 136

전착도료 ·················· 63, 111

전파를 흡수하는 도료 ··········· 137

전해 완화 도료 ················· 137

제진도료 ······················ 138

중축합 ······················· 145

중칠 ······································· 58
지구온난화 ···························· 104
쪽 (Persicaria tinctoria) ············ 14

【ㅊ】

천연 군청 (ultramarine) ··········· 16
천연수지 ································· 22
첩지(貼紙) 방지 도료 ················· 99
체적 팽창 ······························ 167
총량 규제방식 ························ 110
축광도료 ································· 96
층간 부착성 ···························· 58

【ㅋ】

클리어층 ································· 34

【ㅌ】

태양광 선택흡수 도료 ··············· 96
템페라 (tempera) ····················· 12
통기 방수 도료 ························ 99
통전성 도료 ···························· 94

【ㅍ】

페놀수지 ································· 22
평탈기법 ································· 19
폐기 폴리머 재료 ···················· 155
폴리머 (Polymer) ····················· 18
프로파르길 (propargyl)기 ··········· 50
프리코트 메탈의 용도 ················ 71

【ㅎ】

하프 에스테르기 ······················ 44
항균작용 ································ 135
해가교 ·································· 157
형광도료 ································· 95
형상붕괴성 폴리머 ··················· 154
화학·생물학적 기능성 도료 ······ 144
화학적 리사이클 ····················· 155
화학적 리사이클 시스템 ············ 156
효소 ····································· 150

【숫자 및 영문】

1성분계 수지법 ······················· 93
2작용성 5원자고리
    디티오카보나이트 ·················· 164
2작용성 5원자고리 카보나이트 ·· 164
2작용성 에폭시드 ···················· 164
4시간 바니스 ·························· 23
4시간 에나멜 ·························· 23
5원자고리 카보나트 ··········· 150, 162
ESCA 경화 시스템 ···················· 54
HCT경화계 ····························· 45
N-카르복시-α-아미노산
    무수물(NCA) ························· 152
NCS 경화계 ···························· 44
VOC 규제 ······························ 106
VOC 규제값 ···························· 127

코팅기술의 현재와 미래

2017년 1월 10일 인쇄
2017년 1월 15일 발행

저 자 : 과학나눔연구회
펴낸이 : 이정일

펴낸곳 : 도서출판 **일진사**
www.iljinsa.com
(우) 04317 서울시 용산구 효창원로 64길 6
전화 : 704-1616 / 팩스 : 715-3536
등록 : 제1979-000009호 (1979.4.2)

값 12,000 원

ISBN : 978-89-429-1503-3